健康仔猪

精细化饲养新技术

◎ 闫益波　编著

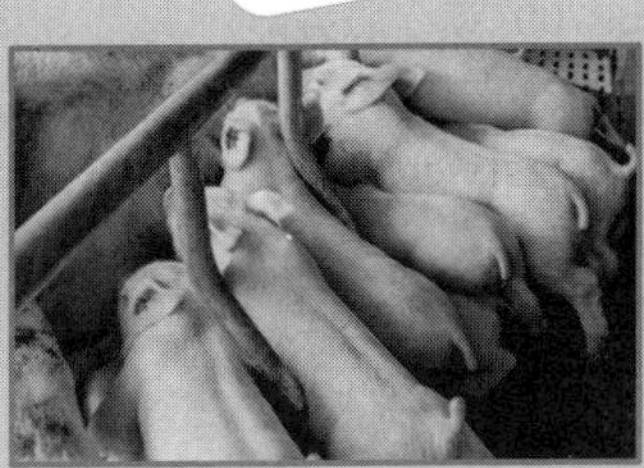

中国农业科学技术出版社

图书在版编目（CIP）数据

健康仔猪精细化饲养新技术 / 闫益波编著 .—北京：中国农业科学技术出版社，2019. 8

ISBN 978-7-5116-4288-2

Ⅰ. ①健…　Ⅱ. ①闫…　Ⅲ. ①仔猪-饲养管理　Ⅳ. ①S828

中国版本图书馆 CIP 数据核字（2019）第 142834 号

责任编辑　张国锋
责任校对　贾海霞

出 版 者　中国农业科学技术出版社
北京市中关村南大街 12 号　邮编：100081
电　　话　(010)82106636(编辑室)　(010)82109702(发行部)
(010)82109709(读者服务部)
传　　真　(010)82106631
网　　址　http://www.castp.cn
经 销 者　各地新华书店
印 刷 者　北京富泰印刷有限责任公司
开　　本　880mm×1 230mm　1/32
印　　张　6
字　　数　190 千字
版　　次　2019 年 8 月第 1 版　2019 年 8 月第 1 次印刷
定　　价　28. 00 元

前　言

确保仔猪健康是提供安全育肥猪的基础。为仔猪营造一个良好的、有利于快速生长的生态环境，提供充足的全价营养饲料，在仔猪生长的每一个环节进行精细化管理，使其在生长发育期间最大限度地发挥生长潜力、减少疾病发生，是仔猪培育的关键。

快速生长的仔猪需要无微不至的关怀，这确实需要专业技术。《健康仔猪精细化饲养新技术》从精细化管理妊娠母猪入手，详细介绍了母猪的分娩与接产，新生仔猪的饲养管理技术、哺乳仔猪的饲养管理、断乳仔猪的饲养管理、外购仔猪的饲养管理、仔猪常见病防制技术等核心和关键内容，虽未包罗万象，但几乎涵盖了仔猪阶段所有的重要内容，富有实用性、指导性、启发性。

本书虽为养猪人编写，但对养猪产业链上的所有人都有价值和意义，建议不定期地回过头来，仔细、认真地读一读，反思一下自己的所作所为，不断地探究、改进，将会学到大量的新知识、新技术。

在编写过程中，笔者参考了部分文献资料和有关研究报告，有些参考内容没有联系到原作者，在此表示衷心感谢。本书的出版与发行，得到了山西省重点研发计划项目（201603D221023-1）的资助，在此一并表示感谢。由于水平有限，书中疏漏和不足在所难免，恳请同行专家学者和广大读者不吝批评指正。

闫益波

2018年6月，太原

目　　录

第一章　妊娠母猪精细化饲养管理

第一节　母猪早期妊娠诊断与返情处置

妊娠诊断是母猪繁殖管理上的一项重要内容。配种后，越早确定妊娠对生产越有利，可以及时补配，防止空怀。这对于保胎、缩短胎次间隔、提高繁殖力和经济效益具有重要意义。一般情况下，母猪妊娠后性情温驯，喜安静、贪睡、食量增加、容易上膘，皮毛光亮，阴户收缩。一般来说，母猪配种后，过一个发情周期，再没有发情表现，说明已妊娠，到第二个发情期仍不发情就能确定是妊娠了。

一、母猪早期妊娠诊断方法

近年来较成熟、简便，并具有实际应用价值的早期妊娠诊断技术主要有以下几个。

（一）超声诊断法

超声诊断法是利用超声波的物理特性，将其和动物组织结构的声学特点密切结合的一种物理学诊断法。其原理是利用孕体对超声波的反射来探知胚胎的存在、胎动、胎儿心音和胎儿脉搏等情况来进行妊娠诊断。目前用于妊娠诊断的超声诊断仪主要有B型、D型和A型。

1. B型超声诊断仪

B型超声诊断仪可通过探查胎体、胎水、胎心搏动及胎盘等来判断妊娠阶段、胎儿数、胎儿性别及胎儿状态等。具有时间早、速度快、准确率高等优点，但价格昂贵、体积大，只适用于大型猪场定期检查。

2. 多普勒超声诊断仪（D 型）

该仪器可通过测定胎儿和母体血流量、胎动等做较早期诊断。有试验证明，使用兽用超声多普勒仪对配种后 15~60 天母猪进行妊娠检测，准确率可达 100%。

3. A 型超声诊断仪

这种仪器体积较小，如手电筒大，操作简便，几秒钟便可得出结果，适合基层猪场使用。准确率一般可达 75%~80%。

（二）激素反应观察法

1. 孕马血清促性腺激素（PMSG）法

母猪妊娠后有许多功能性黄体，抑制卵巢上卵泡发育。功能性黄体分泌孕酮，可抵消外源性促性腺激素（PMSG）和雌激素的生理反应，母猪不表现发情即可判为妊娠。方法是于配种后 14~26 天的不同时期，在被检母猪颈部注射 700 单位的 PMSG 制剂，以判定妊娠母猪并检出妊娠母猪。

判断标准：以被检母猪用 PMSG 处理，5 天内不发情或发情微弱及不接受交配者判定为妊娠；5 天内出现正常发情，并接受公猪交配者判定为未妊娠。试验结果为，在 5 天内妊娠与未妊娠母猪的确诊率均为 100%。且认为该法不会造成母猪流产，母猪产仔数及仔猪发育均正常，具有早期妊娠诊断和诱导发情的双重效果。

2. 己烯雌酚法

对配种 16~18 天母猪，肌内注射己烯雌酚 1 毫升或 0.5%丙酸己烯雌酚和丙酸睾丸酮各 0.22 毫升的混合液，如注射后 2~3 天无发情表现，说明已经妊娠。

（三）尿液检查法

1. 尿中雌酮诊断法

用 2 厘米×2 厘米×3 厘米的软泡沫塑料，拴上棉线作阴道塞。检测时从阴道内取出，用一块硫酸纸将泡沫塑料中吸纳的尿液挤出，滴入塑料样品管内，于-20℃贮存待测。尿中雌酮及其结合物经放射免疫测定（RIA），小于 20 毫克/毫升为非妊娠，大于 40 毫克/毫升为

妊娠，20~40 毫克/毫升为不确定。

2. 尿液碘化检查法

在母猪配种 10 天以后，取其清晨第一次排出的尿放于烧杯中，加入 5%碘酊 1 毫升，摇匀，加热、煮开。若尿液变为红色，即为已怀孕；如为浅黄色或褐绿色说明未孕。

（四）血小板计数法

血小板显著减少是早孕的一种生理反应，根据血小板是否显著减少就可对配种后数小时至数天内的母猪作出超早期妊娠诊断。该方法具有时间早、操作简单、准确率高等优点。尤其是为胚胎附植前的妊娠诊断开辟了新的途径，易于在生产实践中推广和应用。

在母猪配种当天和配种后第 1~11 天从耳缘静脉采血 20 微升置于盛有 0.4 毫升血小板稀释液的试管内，轻轻摇匀，待红细胞完全破坏后再用吸管吸取 1 滴充入血细胞计数室内，静置 15 分钟后，在高倍显微镜下进行血小板计数。配种后第 7 天是进行超早期妊娠诊断的最佳血检时间，此时血小板数降到最低点（$(250\pm91.13)\times10^3$/毫米^3）。

（五）其他方法

1. 公猪试情法

配种后 18~24 天，用性欲旺盛的成年公猪试情，若母猪拒绝公猪接近，并在公猪 2 次试情后 3~4 天始终不发情，可初步确定为妊娠。

2. 阴道检查法

配种 10 天后，如阴道颜色苍白，并附有浓稠黏液，触之涩而不润，说明已经妊娠。也可观看外阴户，母猪配种后如阴户下联合处逐渐收缩紧闭，且明显地向上翘，说明已经妊娠。

3. 直肠检查法

要求为大型的经产母猪。操作者把手伸入直肠，掏出粪便，触摸子宫，妊娠子宫内有羊水，子宫动脉搏动有力，而未妊娠子宫内无羊水，弹性差，子宫动脉搏动很弱，很容易判断是否妊娠。但该法操作者体力消耗大，又必须是大型经产母猪，所以生产中较少采用。

除上述方法外，还有血或乳中孕酮测定法、EPF 检测法、红细胞凝集法、掐压腰背部法和子宫颈黏液涂片检查等。母猪早期妊娠诊断方法有很多，它们各有利弊，临床应用时应根据实际情况选用。

二、返情的处置

繁殖母猪发情期进行配种后没有怀孕的现象称为返情。返情率的增加，会导致配种分娩率降低，从而影响养殖户的经济效益。

（一）母猪返情的原因

一是公猪精液质量不合格；二是配种时间不准确；三是母猪病理性及生理性返情。在不同的时间段，母猪返情代表着不同的意义。

1. 正常返情

21 天或 42 天左右，说明发情鉴定准确，但出现受孕失败。此现象的原因可能是：输精后 30 天内的管理应激因素（过度驱赶、注射、混群打斗、舍内持续高温等）；输精倒流过多，授精失败；精液质量不合格；输精时间太早或太迟。

2. 不正常返情

（1）20 天内返情（通常在 18~19 天）的原因　发情鉴定不准确；发情鉴定准确，但母猪的第一次妊娠信号（授精后 9~12 天，受精卵到达子宫）未能建立；发生导致高热的疾病（特别是猪瘟、非洲猪瘟、流行性感冒）；也有可能是配种太迟造成的。

（2）24~39 天返情可能的原因　主要指配种后的 3~4 周发生问题造成胚胎损失，非管理因素所致。可能原因为：疾病所致胚胎吸收或妊娠失败；母猪遗传型的个体差异；泌乳期太短，子宫未能完全恢复。

（3）妊娠中期（45~105 天）的未孕返情　如果未见到确切的流产，则是由于妊娠鉴定的疏漏造成的；如果确切观察到明显的中期流产，则可能是由细小病毒、日本乙型脑炎病毒和流感病毒最为常见的病原体引起的感染，尤其是南方以及北方初夏季节极易出现。

（4）106 天以上的流产或早产　除了管理因素外，应该留意是否有蓝耳病毒感染。

（二）处置

为减少母猪返情率，常见措施如下。

1. 提供合格的精液

精液品质好坏是影响受胎率的主要因素之一。没有品质优良的精液，要想提高母猪的受胎率是不现实的。对精液的品质进行物理性状（精液量、颜色、气味、精子密度、活力、畸形率等）检查，确保精液质量合格。同时，在高温季节到来前调整好防暑降温设备及采取向饮水中添加抗应激药、营养药等措施，以减少热应激对公猪精液品质的影响。

2. 提高配种技术

配种技术人员相关经验不丰富，查情查孕不准，最佳输精时机的掌握欠佳，造成受孕失败，母猪返情。要经常培训技术人员以提高发情鉴定、输情时机判断、母猪稳定情况评定、输精等技术水平。

3. 搞好猪舍环境卫生

每天清扫猪舍，搞好环境卫生，并定期消毒，减少病原微生物的滋生蔓延，保证猪舍环境干净卫生。

4. 做好种母猪预防保健管理，减少母畜繁殖障碍疾病

为保证母猪有一个健康的体况，必须做好母猪的预防保健工作。尤其做好猪瘟疫苗（2 次/年）、猪繁殖与呼吸综合征、猪伪狂犬病、猪细小病毒等会直接或间接影响母猪怀胎的疾病的预防接种。减少细菌感染机会，特别是人工助产、人工授精、产后护理过程中，由于消毒不严格或动作粗鲁造成的子宫炎症。由于炎症的存在就容易有返情的情况发生，甚至造成屡配不孕。一旦发现母猪子宫炎症，应及时治疗。

5. 提高饲料质量，合理调配母猪配种期营养水平

由于玉米霉菌毒素容易引起母猪假发情现象，因此必须保证母猪的饲料质量，确保母猪健康，以利发情配种。配种前后一段时间，尤其是配种后，要准确把握母猪的饲料营养水平，这对保证母猪受胎和产仔数至关重要。一般配种前一天到配种后的一个月内，禁止饲喂高

能饲料，因为过高的营养摄入将会导致受精卵的死亡、着床失败。适当补充青绿饲料，加入电解多维，以补充维生素的不足。在怀孕后期到临产前 40 天内提高营养水平，保证胎儿健康生长。

第二节　妊娠母猪精细化饲养管理

一个理想的母猪繁殖周期为：妊娠期+哺乳期+断乳后到配种时间 = 114 + 28 + 5 = 147 天，其中妊娠期 114 天占整个周期时间的 77.55%。而往往这时间最长，起到承上启下作用的妊娠期最容易被人忽视。经常是母猪配种后放置到单体限位栏后，除了确定妊娠就不会被人过多地注意了。所以小到出现哺乳期泌乳问题、仔猪问题，大到出现某个阶段生产成绩不好，或者重要参数指标数据偏低，母猪非正常淘汰率高时才引起管理人员的注意，但那时发现为时已晚。我们要未雨绸缪，重视妊娠期管理的重要性。

一、妊娠母猪的生理特点

（一）妊娠母猪的代谢特点与体重变化

胎儿的生长发育、子宫和其他器官的发育，使母猪食欲增高，饲料的消化率和利用率增强，故在饲养上应尽量满足这一要求；但妊娠母猪不是增重越多越好，而是要控制到一定程度。一般瘦肉型初产母猪体重增加 35~45 千克，经产母猪体重增加 32~40 千克。

（二）妊娠期间胚胎和胎儿的生长发育特点

1. 胎儿的生长曲线

胚胎的生长发育特点是前期形成器官，后期增加体重，器官在 21 天左右形成，出生体重的 1/3 生长在妊娠的前 84 天，而出生体重的 2/3 生长在妊娠最后 30 天。

2. 引起胚胎死亡的 3 个关键时期

胚胎的蛋白质、脂肪和水分含量增加，特别是矿物质含量增加较快。母猪妊娠后，有 3 个容易引起胚胎死亡的关键时期。

(1) 第一个关键时期　出现在妊娠后9~13天。此时，受精卵开始与子宫壁接触，准备着床而尚未植入，如果子宫内环境受到干扰，最容易引起死亡。这一阶段的死亡数占总胚胎数的20%~25%。

(2) 第二个关键时期　出现在妊娠后18~24天。此时，胚胎器官形成，在争夺胚盘分泌物质的过程中，弱者死亡。这一阶段死亡数占胚胎总数的10%~15%。

(3) 第三个关键时期　出现在妊娠后60~70天。此时，胚盘停止发育，而胎儿发育加速，营养供应不足可引起胚胎死亡。这一阶段死亡数占胚胎总数的5%~10%。

二、妊娠母猪精细化饲养管理

(一) 妊娠母猪的营养需要

1. 妊娠前期 (配种后30天内)

这个阶段胚胎几乎不需要额外营养，但有两个死亡高峰，饲料饲喂量相对应少，质量要求高，一般喂给1.5~2.0千克的妊娠母猪料。日粮营养水平为：消化能2 950~3 000千卡/千克，粗蛋白14%~15%，青粗饲料给量不可过高，不可喂发霉变质和有毒的饲料。

2. 妊娠中期 (妊娠第31~84天)

喂给1.8~2.5千克妊娠母猪料，具体喂料量以母猪体况决定，可以大量喂食青绿多汁饲料，但一定要给母猪吃饱，防止便秘。严防给料过多，导致母猪肥胖。

3. 妊娠后期 (临产前30天)

这一阶段胎儿发育迅速，同时又要为哺乳期蓄积养分，母猪营养需要高，可以供给2.5~3.0千克的哺乳母猪料。此阶段应相对地减少青绿多汁饲料或青贮料供给。在产前5~7天要逐渐减少饲料喂量，直到产仔当天停喂饲料。哺乳母猪料营养水平为：消化能3 050~3 150千卡/千克，粗蛋白16%~17%。

(二) 妊娠母猪的饲养方式

在饲养过程中，因母猪的年龄、发育、体况不同，有许多不同的饲养方式。但无论采取何种饲养方式，都必须看膘投料，即根据母猪的膘情和生理特点来确定喂料量，以保证妊娠母猪达到中等膘情：即经产母猪产前达到七八成膘情，初产母猪八成膘情。

1. 抓两头带中间饲养法

适用于断乳后膘情较差的经产母猪和哺乳期长的母猪。在以往农户分散饲养的情况下，由于饲料营养水平低，加上地方品种母猪泌乳性能好，带仔多，母猪体况较差，一般都选用此法。在整个妊娠期形成一个“高-低-高”的营养水平。

2. 步步高饲养法

适用于初配母猪。配种时母猪还在生长发育，营养需要量较大，所以整个妊娠期间的营养水平都要逐渐增加，到产前一个月达到高峰。其途径有提高饲料营养浓度和增加饲喂量两种，主要是以提高蛋白质和矿物质水平为主。

3. 前粗后精法

即前低后高法。此法适用于配种前膘情较好的经产母猪，通常为营养水平较好的提前断乳母猪。

4. “一贯式”饲养法

妊娠期母猪合成代谢能力增强，营养利用率提高，在保持饲料营养全面的同时，采取全程饲料供给“一贯式”的饲养方式。值得注意的是，在饲料配制时，要调制好饲料营养，不过高，也不能过低。

不管采用哪种饲养方式，对妊娠母猪都应当注意：必须保证日粮质量，凡是发霉、变质、冰冻、带有毒性及强烈刺激性的饲料（如酒糟、棉籽饼等），均不能用来饲喂妊娠母猪，否则容易引起流产；饲喂的时间、次数要有规律性，要定时定量，每日饲喂2~3次为宜；饲料不能频繁更换和突然改变，否则易引起消化应激，母猪不适应；配合日粮使用的原料品种多，营养合理，适口性好；妊娠3个月后应该限制青粗饲料的供给量，否则容易压迫胎儿引起流产。

（三）妊娠母猪精细化管理

妊娠母猪管理的中心任务是做好保胎工作，促进胎儿的正常生长发育，防止流产、化胎和死胎。因此，在生产中应注意以下几方面的管理工作。

1. 注意环境卫生，预防疾病

母猪子宫炎、乳房炎、乙型脑炎、流行性感冒等都会引起母猪体温升高，造成母猪食欲减退和胎儿死亡。因此，要及时清理猪粪，做好圈舍的清洁卫生，保持圈舍空气新鲜，认真进行消毒和疾病预防工作。

2. 防暑降温，防寒保暖

环境温度影响胚胎的发育，特别是高温季节，胚胎死亡率会增加。因此要注意保持圈舍适宜的环境温度，不过热过冷，做好夏季防暑降温、冬季防寒保暖工作。夏季降温的措施一般有洒水、洗浴、搭凉棚、通风等。标准化猪场要充分利用湿帘降温。冬季可采取增加垫草、地坑、挡风等防寒保暖措施，防止母猪感冒发热造成胚胎死亡或流产。

3. 做好驱虫、灭虱、免疫工作

猪的很多寄生虫病会严重影响消化吸收、身体健康并传播疾病，且容易传染给仔猪。因此，在母猪配种前或妊娠中期，要进行一次药物驱虫，并经常做好灭虱工作。

根据妊娠母猪传染病的流行特点，结合当地疫情和各种疫苗的免疫特性，制定免疫程序，合理安排预防接种次数和间隔时间，确保免疫效果。

4. 避免机械损伤

妊娠母猪应防止相互咬架、挤压、滑倒、惊吓和追赶等一切可能造成机械性损伤和流产的现象发生。因此，妊娠母猪应尽量减少合群和转圈，调群时不要赶得太急；妊娠后期应单圈饲养，防止拥挤和咬斗；不能鞭打、惊吓母猪，防止造成流产。

5. 适当运动

妊娠母猪要给予适当的运动。妊娠的第一个月以恢复母猪体力为主，要使母猪吃好、睡好、少运动。此后，应让母猪有充分的运动，一般每天运动1~2小时。妊娠中后期应减少运动量，或让母猪自由活动，临产前5~7天应停止运动。

第二章　新生仔猪与哺乳母猪精细化饲养管理

第一节　母猪转栏与分娩前管理

一、预产期推算

母猪从交配受孕日期至开始分娩，妊娠期一般在 108～123 天，平均大约 114 天。一般本地母猪妊娠期短，引进品种较长。正确推算母猪预产期，做好接产准备工作，对生产很重要。常用推算母猪预产期的简便易记的方法有以下 3 种。

1. 推算法

此法是常用的推算方法，从母猪交配受孕的月数和日数加 3 个月 3 周 3 天，即 3 个月为 90 天，3 周为 21 天，另加 3 天，正好是 114 天，是妊娠母猪的预产大约日期。例如配种期为 12 月 20 日，12 月加 3 个月是来年 3 月，20 日加 3 周 21 天，再加 3 天，是 24 天，20+24=44 天，则母猪分娩日期，是 3 月后再过 44 天，即在 4 月 14 日前后。

2. 月减 8，日减 7 推算法

即从母猪交配受孕的月份减 8，交配受孕日期减 7，不分大月、小月、平月，平均每月按 30 日计算，得数即是母猪妊娠的大约分娩日期。用此法也较简便易记。例如，配种期 12 月 20 日，12 月减 8 个月为 4 月，再把配种日期 20 日减 7 是 13 日，所以母猪分娩日期大约在 4 月 13 日。

3. 月加 4，日减 8 推算法

即从母猪交配受孕后的月份加 4，交配受孕日期减 8，其得出的数，就是母猪的大致预产日期。用这种方法推算月加 4，不分大月、小月和平月，但日减 8 要按大月、小月和平月计算。用此推算法要比推算法更为简便，可用于推算大群母猪的预产期。例如配种日期 12 月 20 日，12 月加 4 为 4 月，20 日减 8 为 12，即母猪的妊娠日期大致在 4 月 12 日。

使用上述推算法时，如月不够减，可借 1 年（即 12 个月），日不够减可借 1 个月（按 30 天计算）；如超过 30 天进 1 个月，超过 12 个月进 1 年。

二、转栏与分娩前管理

（一）转栏和分娩前准备

核对配种记录，做好预产期预告。

1. 产房准备

根据推算的母猪预产期，在母猪分娩前 5~10 天准备好产房（分娩舍）。产房对环境的总体要求是：温暖干燥、清洁卫生、舒适安静、空气新鲜。为此，要做好以下工作。

（1）卫生管理　产房是整个猪场中最干净的区域，环境控制非常重要。良好的环境可以减少饲料消耗，提高整个猪群的健康水平，充分发挥生产力。

产房的猪全部转出后，首先彻底清理猪舍及地下粪沟。然后用清水把猪舍的屋顶、墙壁、门窗、产床、饲槽、保温箱等一切饲养设备设施，所有地面和地下粪沟冲洗干净。晾干后用 2% 的火碱水喷洒消毒，3 天后用清水冲洗、晾干，再用其他消毒药消毒，再冲洗、晾干。然后封闭，用福尔马林和高锰酸钾熏蒸消毒，密闭 3 天后开窗放气 3~4 天，方可进猪。

（2）温度管理　温度和采食量的关系很重要。空气的流速是影响猪舒适度的主要因素。当温度偏低时，猪栏内的气流能使小猪发生寒抖，也是造成 10~14 日龄猪下痢的主要原因。刚出生的 24 小时，仔猪喜欢躺卧在母猪的乳头附近睡觉，然后它们才会学会找温暖的地方并转移过去，所以要在母猪附近放置保温垫，但保温垫不能太过靠近母猪，否则仔猪很容易被母猪压到。夏天高温天气，仔猪喜欢躺卧相对凉快的地方，不舒服或者过热过潮湿的地方便成了其大小便的地方。

① 分娩时保温方案。刚出生的 20~30 分钟是最关键的时候，最好是在母猪后方安装保温灯，以免分娩时温度过低，同时乳头附近的上方也需要保温灯和大量的纸屑，母猪后方没有开始分娩前不放置纸屑，可以先放置在后边的两侧，以免粪尿将其污染。

尽量保持舍内恒温，需要变化温度时一定缓和进行，切忌温度骤变。在保温箱中加红外线灯等保温设备，给乳猪创造一个局部温暖环境。母猪进入产房未分娩时，舍内保持 20℃；母猪分娩当周，保持舍内 25℃，保温箱内 35℃；乳猪 2 周龄，保持舍内 23℃，保温箱内 32℃；乳猪 3 周龄，保持舍内 21℃、保温箱内 28℃；乳猪 4 周龄，保持舍内 20℃、保温箱内 26℃。推荐的最佳温度见表 2-1。

表 2-1 仔猪和母猪的最佳参考温度

猪类别	年龄	最佳温度（℃）	推荐的适宜温度（℃）
仔猪	初生几小时	34~35	32
	1 周内	32~35	1~3 日龄 30~32 4~7 日龄 28~30
	2 周	27~29	25~28
	3~4 周	25~27	24~26
母猪	后备及妊娠母猪	18~21	18~21
	分娩后 1~3 天	24~25	24~25
	分娩后 4~10 天	21~22	24~25
	分娩 10 天后	20	21~23

因为仔猪在子宫里的温度是 39℃，所以要保证初生猪的实感温度是 37℃。在此要强调的是实感温度，所以如果温度计实测温度是 37℃，加上其他保温工具，可能要高于 37℃。不同垫料的实感温度大致是：木屑（5℃）、纸屑（4℃）、稻草（2℃）、锯末（0~1℃）、

水泥地板（0~1℃）。所以实感温度可以由室温（22℃）、保温灯+保温垫（10℃）、塑料地板（1℃）、纸屑（4℃）组成，实感温度等于 37℃。

② 保温灯的放置。分娩前一天，室温保持 18~22℃；分娩区准备，打开保温灯；分娩时，打开后方保温灯；分娩结束，将后方保温灯关闭；分娩后 1~2 天，移除后方保温灯。

③ 第一天温度管理。大多数农场只有一个保温灯，母猪有时候左侧卧、有时右侧卧，所以在出生前几个小时仔猪只有 50% 的保温时间，而这段时间是仔猪保温的关键时期。出生 24 小时保温灯最好置于保温垫对面，让仔猪无论在哪一边都有热源保障。

④ 2~3 日龄保温方案。这时候的仔猪已经可以自己找到舒适的地方，对低温不会太过敏感，这时候可以撤掉保温垫对面的保温灯，也可以选择两个产床共用一个保温灯，直至仔猪 1 周龄。

⑤ 光源管理。光也会让母猪感觉不舒服，可以用块挡板来给母猪遮挡光源。光线太强的地方仔猪也不喜欢待，但猪对光敏感，喜欢红色，所以可以考虑红色光线的保温灯。

⑥ 如何判断产房温度过高。母猪的表现：母猪试图玩水；频繁转身改变体位或者过多饮水时。躺卧姿势：胸部着地不是侧卧，检查地面是否过湿；乳房炎多发，甚至分娩前就发现。

注意：有人认为产房内有了保温灯、保温箱等保温设施便万事大吉，然而还要根据仔猪实际休息状态和睡姿来判断温度是否合适，如小猪扎堆、跪卧、蜷卧便是温度过低，小猪四肢摊开侧卧排排睡才是正常温度，但要注意过于分散的四肢摊开侧卧睡姿有可能是温度过高。

（3）湿度控制　保持产房内干燥、通风。因高温高湿、低温高湿都有利于病原体繁殖，诱发乳猪下痢等疾病。高温高湿可用负压通风去湿，低温高湿可用暖风机控制湿度。相对湿度保持在 65%~70% 为宜。

（4）空气质量控制　要求猪舍空气新鲜，少氨味、异味。有害气体（二氧化碳、氨气、硫化氢等）浓度过高时，会降低猪本身的免疫力，影响猪的正常生长，长时间有害气体加上猪舍中的尘埃，容易使猪感染呼吸道及消化道疾病。要减少猪舍内有害气体，首先要及时将粪尿清除，其次用风机换气。

(5) 噪声控制　母猪分娩前后保持舍内安静，可避免母猪突然性起卧压死乳猪，同时有利于顺产。国外资料介绍，噪音性的应激可诱发应激综合征和伪狂犬疾病。

另外，要做好产房夏季降温与除湿，冬季保温与通风的协调兼顾。

2. 转栏与母猪清洁消毒

为使母猪适应新的环境，应在产前 3~5 天，选择早晨空腹前将母猪转入产房，转栏后立即饲喂。若进产房过晚，母猪精神紧张，影响正常分娩。在母猪进入产房前，应对猪体进行清洁或沐浴，清除猪体尤其是腹部、乳房、阴户周围的污物，并用高锰酸钾等擦洗消毒，以免带菌进入产房。

3. 准备分娩用具

应准备好必要的药品、洁净的毛巾或拭布、剪刀、5%碘酊、高锰酸钾溶液、凡士林油，称仔猪的秤及耳号钳、分娩记录卡等。

(二) 临产母猪的饲养管理

饲养临产母猪是养猪过程中非常重要的一步。做好产前 15 天的饲养管理，有利于养猪场的生产效益。

1. 控制喂料量

如果母猪膘情好，乳房膨大明显，则产前 1 周应逐渐减少喂料量，至产前 1~2 天减去日粮的一半；并要减少粗料、糟渣等大容积饲料，以免压迫胎儿，或引起产前母猪便秘影响分娩。发现临产征状时停止喂料，只喂豆饼麸皮汤。如母猪膘情较差，乳房干瘪，则不但不应减料，还要加喂豆饼等蛋白质催乳饲料，防止母猪产后无奶。

2. 更换饲料

母猪产前 10~15 天，逐渐改喂哺乳期饲粮，防止产后突然变料引起消化不良和仔猪下痢。

3. 适量运动

产前 1 周应停止远距离运动，改为在猪舍附近或运动场逍遥活动，避免因激烈追赶、挤撞而引起的流产或死胎。

4. 调入产房

临产前 3~5 天将母猪迁入产房，使其熟悉和习惯新环境，避免临产前激烈活动造成胎儿临产窒息死亡。但也不要过早地将母猪赶入产房，以免污染产圈和降低母猪体力。

将母猪移至产房有两种方法。

（1）产前 1 天将母猪移到产房

优点：充分利用产床和猪舍。

缺点：① 清洗和消毒过后，产房不能充分干燥，细菌和病毒不能完全杀死，仔猪感染疾病的风险大大提高。② 在妊娠舍来不及对母猪进食做相应调整，饲料调整应在产前 2~3 天完成，否则会出现乳房炎、子宫炎及泌乳不足现象。③ 母猪来不及适应新环境，产生应激。④ 母猪可能在妊娠舍就开始分娩，影响仔猪成活率。

（2）提前 3~7 天将母猪移到产房

优点：① 猪舍、栏位清洗后可以充分干燥。② 母猪饲料可以在分娩前 2~3 天做好调整，避免分娩时发生问题。③ 母猪有充足的时间适应新环境。④ 母猪不会在妊娠舍就开始分娩。

5. 加强观察

分娩前 1 周即应随时注意观察母猪动态，加强护理，防止提前产仔、无人接产等意外事故。

6. 去除体外寄生虫

如发现母猪身上有虱或疥癣，要用 2%敌百虫溶液喷雾灭除，以免分娩后传给仔猪。

第二节　母猪分娩与接产

一、分娩过程

(一) 影响母猪分娩的主要因素

要想进行正确的分娩护理，必须弄清楚影响母猪分娩的主要因素：产力、产道、胎儿以及精神。

1. 产力

产力包括两种，一种是子宫有节律性的收缩，叫阵缩，由激素主要是催产素主导；一种是腹肌和膈肌的反射性收缩，叫努责，是机体腹壁肌肉等与分娩相关肌肉的收缩。规模猪场的母猪由于长期在限位栏内饲养，缺乏运动，加上饲料中霉菌毒素的影响，导致母猪的体质越来越差。而随着品种的选育，种猪的产仔数越来越高，现在很多母猪没有足够的体力产出所有的仔猪。

2. 产道

母猪的产道包括硬产道（骨盆口）和软产道（子宫颈、阴道、阴门）。从母猪的解剖特点来看是不太容易导致难产的，因为猪的骨盆入口为椭圆形，倾斜度很大，骨盆底部宽而平坦，骨盆轴向下倾斜，且近乎直线，胎儿通过比较容易。但是，如果后备母猪初配时间太早，可能会导致骨盆口发育不良而狭窄。此外，初产母猪由于内分泌机能还不够完善，也容易出现前列腺素分泌不足，黄体溶解不彻底而使子宫颈开张不全导致难产。

3. 胎儿

包括胎儿的大小、胎儿的活力以及胎儿与母体产道的位置关系等，主要是胎势、胎位、胎向。有些人担心胎儿过大导致母猪难产，而选择不攻胎的做法是不恰当的。对于一胎母猪，在攻胎的时候可以比经产母猪喂的量更少一些，攻胎的时间更晚一些，把仔猪的初生重控制在 1.3 千克左右是比较合适的。更重要的是胎儿的活力，胎儿活力差会直接影响母猪的产程。临床上经常遇到母猪产了 1 头仔猪后，过了很长一段时间也没有产下第 2 头，或者产了 1 头死胎或者木乃伊后，其他小猪陆续产出。此外，胎儿活力差会导致羊水不足，也是引起难产的重要因素。

4. 精神

精神紧张可明显干扰机体激素的分泌，进而影响产力和产程。一胎母猪首次分娩，很紧张。如果此时所营造的分娩环境让母猪感觉不舒适的话，更容易导致母猪产程过长甚至出现难产。例如，光线太明亮、天气炎热、声音嘈杂、有陌生人在场等都会影响母猪的分娩情绪。

（二）分娩过程

母猪分娩过程可分为准备阶段、产出胎儿、排出胎盘及子宫复原 4 个阶段。

1. 准备阶段

在准备阶段之前，子宫相对稳定，这时能量储备达到最高水平。临近分娩，肌肉的伸缩性蛋白质即肌动球蛋白数量增加，质量提高，开始增加数量和改进质量，这样就使子宫能够提供排出胎儿需要的能量和蛋白质。

由于血浆中孕酮的浓度在分娩前几天下降，而雌激素的浓度上升很快，雌激素活化而促使卵巢及胎盘分泌松弛激素，结果导致耻骨韧带松弛，产道加宽，子宫颈扩张。由于子宫和阴道受刺激，此信号由离心神经传导到下丘脑的视上核和旁室核合成催产素。通过下丘脑的神经纤维直接释放到垂体后叶。经血液输送刺激子宫平滑肌收缩；子宫开始收缩，迫使胎儿推向已松弛的子宫颈，促进子宫颈再扩张。在准备初期，子宫每 15 分钟左右周期性地收缩一次，每次收缩维持时间约 20 秒。

准备阶段结束时，由于子宫颈扩张而使子宫和阴道形成一个开放性的通道，从而促使胎儿被迫进入骨盆入口，尿囊绒毛就在此处破裂，尿囊液顺着阴道流出体外，整个准备阶段需 2~6 小时，超过 6~12 小时，会造成分娩困难。

2. 产出胎儿

当胎儿进入骨盆入口时，引起了膈肌和腹肌的反射性和随意性收缩，使腹腔内压升高，导致羊膜囊破裂。这种压力的升高伴随着子宫的收缩，迫使胎儿通过阴户排出体外。从产出第一头仔猪到最后一头仔猪，正常分娩时需 1~4 小时（每头仔猪产出的间隔时间为 5~25 分钟），超过 5~12 小时，说明有难产迹象。

3. 排出胎盘

胎盘的排出与子宫的收缩有关，子宫角顶端的蠕动性收缩引起了尿囊绒毛膜内翻，有助于胎盘的排出。一般正常分娩结束 10~30 分钟内胎盘排出。

母猪每个胎膜附着胎儿，在出生时个别胎膜未能破裂，完全包住胎儿，如果不及时撕裂，胎儿就会窒息而死亡。

4. 子宫复原

胎儿和胎盘排出之后，子宫恢复到正常未妊娠时的大小，称为子宫复原。产后的几周内，子宫的收缩比正常更为频繁，在第 1 天内大约每 3 分钟收缩一次，以后 3~4 天期间子宫收缩渐减少到 10~12 分钟收缩一次。收缩结束，引起子宫肌细胞的距离缩短，子宫体复原约需 10 天，但子宫颈的回缩比子宫体慢，到第 3 周末才能完成复原。

(三) 临产征兆

母猪临产前在生理上和行为上都发生一系列变化，掌握这些变化规律既可防止漏产，又可合理安排时间。

1. 乳房变化

母猪在产前 15 天左右，乳堤隆起，乳房肿胀，由后向前逐渐下垂，临产期前 3 天，中心膨胀发亮，腹底两侧像带着两条黄瓜一样，乳房呈“八”字形分开并挺立，皮肤紧张，初产母猪的乳头还发红发亮。

2. 乳汁变化

当母猪前部乳头能挤出乳汁时，约在 24 小时产仔；中间乳头能挤出乳汁，约在 12 小时产仔；最后一对奶头能挤出乳汁时，4~6 小时产仔。

3. 母猪表现

母猪分娩前 3~5 天，外阴部开始发生变化，阴唇逐渐柔软、肿胀增大，皱褶逐渐消失，阴户充血而发红。与此同时，骨盆韧带松弛变软，有的母猪尾根两侧塌陷。母猪临产前，子宫栓塞软化，从阴道流出。在行为上母猪表现出不安静，时起时卧，在圈内来回走动，但其行动缓慢谨慎，待到出现衔草做窝、起卧频繁、频频排尿等行为时，分娩即将在数小时内发生。

母猪临产前 10~90 分钟，躺下、四肢伸直、阵缩间隔时间逐渐缩短；临产前 6~12 小时，常出现衔草做窝，无草可叼时，也会用嘴拱地，前蹄扒地呈做窝状。母猪紧张不安，时起时卧，突然停食，频频排粪尿，尿短，粪软，量少。当阴部流出稀薄的带血黏液时，说明母猪已"破水"，即将在 10~20 分钟产仔。在生产实践中，常以母猪衔草做窝，最后一对乳头挤出浓稠的乳汁并呈线状射出作为判断母猪即将产仔的主要征状。

母猪的临产征兆与产仔时间见表 2-2。

表 2-2　母猪临产征兆与产仔时间

产前表现	距产仔时间
乳房潮红加深，两侧乳头膨胀而外张，呈八字排开	3 天左右
阴户红肿，尾根两侧下陷（塌胯）	3~5 天
挤出乳汁（乳汁透亮）	1~2 天（从前排乳头开始）
衔草做窝	6~12 小时
能从后部乳头挤出 1~2 滴初乳，中、前部乳头挤出更多的初乳	6 小时
能在最后一对奶头挤出呈线状的奶	临产
躺下、四肢伸直、阵缩间隔时间逐渐缩短	10~90 分钟
阴户流出稀薄的带血黏液	10~20 分钟

二、接产

（一）正常接产

接产员最好由饲养该母猪的饲养员担任。

1. 接产要求

(1) 产房　必须安静，不得大声吵嚷和喧哗，以免惊扰母猪正常分娩。

(2) 接产　动作要求稳、准、轻、快。

(3) 消毒　0.1%高锰酸钾溶液消毒外阴、乳房、后躯。

母猪产仔时多数为侧卧，当见到母猪腹部努责，全身发抖，阴户流出羊水，两后腿伸直，尾巴向上翘时，即会产出仔猪。在分娩顺利时，基本每隔5~25分钟就产出1头仔猪。仔猪出生时，以头部先出来为多数，约占总产仔数的60%；臀部先出来的约占总产仔数的40%，这两种胎位均属正常。

2. 接产

(1) 铺好麻包

(2) 待母猪尾根上举时，则仔猪即将娩出　可人工辅助娩出。

(3) 一破三擦　胎儿落草后，应尽快地破开仔猪表面的膜，擦净仔猪口、鼻、全身的黏液，以防误咽。

(4) 先捋脐带血后断脐　先将脐带内的血向仔猪腹部方向挤压，其方法是：一手紧捏脐带末端，另一手自脐带末端向仔猪体内捋动，每秒1次，不要间断，等脐动脉停止跳动时，距仔猪腹部4指处，用拇指指甲钝性掐断脐带（这样其断口为不整齐断口，有利于止血），并在断端处涂上5%碘酊（不要涂2%的人用碘酊）。注意，如无脐带出血，不要结扎，因结扎脐带后，断端渗出液排不出去，不利脐带干燥，反而容易招致细菌感染。另外，要及时断脐，否则脐带拖之地面，很容易被蹄踏踩而诱发“脐疝”。

(5) 烤干　将仔猪放入产仔箱内烤干。

(6) 吃初乳　必须确保出生的仔猪能在6小时内吃上初乳。烤干后，先用1%的高锰酸钾水溶液擦洗母猪乳房乳头，将仔猪送到母猪腹下吃初乳。大部分健康仔猪在出生后会主动寻找母猪的乳头，对于一些体质弱、活力差的仔猪不会寻找乳头，需要给予人工辅助哺乳。

（二）人工助产

母猪正常分娩时一般不需要帮助，急于助产会增加产道感染的危险性。但是，如果分娩过程不顺利，又没有及时进行助产，不仅会增加死胎，降低仔猪生活力，而且还会造成母猪死亡。

1. 确定母猪是否难产

（1）详细记录分娩持续时间和出生间隔　如果母猪表现烦躁不安，极度紧张，不断努责，显得十分吃力，并且产仔间隔在45分钟以上，可能是难产，就必须引起足够重视。产仔间隔越长仔猪就越不健康，早期死亡的危险性就越大。为此，要准确记录两头相邻仔猪出生间隔的时间。

（2）看分娩是否结束　通过观察母猪腹部饱满程度（是否还有仔猪）及其所产仔的数量，来确定母猪分娩是否结束。如果出现以下3个方面的迹象可表明为难产。①已经顺利出生一头或几头仔猪，但母猪不再用力的时间已超过45分钟。②母猪羊水已经流出并不断努责，但是已超过至少45分钟还没有仔猪产出。③所有出生仔猪的黏液都已经干了，但饲养员仍能确定母猪体内有仔猪。

2. 正确助产

母猪在生产时必须有专人看守，当发生难产时应采取不同的助产措施，以减少因难产造成的经济损失。助产中要做好“查、变、摩、按、拉、摸、注、牵、掏、输”助产十字方针。

（1）查　即检查难产母猪骨盆腔与产道是否异常，如骨盆狭窄、宫颈狭窄、仔猪无法经过产道，就应采取剖宫产。

（2）变　即看到母猪分娩间隔超过30分钟时，把母猪赶起来，变换一下体位，可以帮助胎位不正时体位的纠正。

（3）摩　即分娩时，人可以给母猪乳房按摩，也可以让刚生下的仔猪去吸吮母猪乳房，也能达到自然按摩效果。这样有利于没产出的小猪快速顺利产出。

（4）按　摸母猪软腰处下方的肚子里是否有未产的仔猪。如肚内有未产的仔猪，会感到有明显凹凸不平，稍用力压时有可移动的硬物。当看到胎儿按压鼓起时，可顺势按在鼓起的部位，有利于胎儿产出。

(5) 拉　当母猪努责阵缩微弱，无力排出胎儿，看到胎儿部分露出阴门时，应及时拉出胎儿，可节省母猪分娩时体力消耗。但要注意，一定避免手伸到产道里面去拉，以免增加感染的机会。

(6) 摸　当助产人员将手伸入产道，若摸到直肠中充满粪球压到产道，可用矿物油或肥皂水软化粪球便于粪便排出；若摸到膀胱积尿而过多挤压产道，可用手指肚轻压膀胱壁，促进排尿；或强迫驱赶该母猪起立运动，促其排尿。

(7) 注　对母猪羊水过早排出的，如果胎儿过大，产道狭窄干燥，易引起难产，可向产道注入干净食用的植物油等大量润滑剂，助产人员将消毒过的手伸入产道随着母猪努责，缓缓地将胎儿拉出。

(8) 牵　若有仔猪到达骨盆腔入口处或已入产道，在感觉其大小、姿势、位置等情况下应立即行牵引术。

(9) 掏　若注射催产素助产失败或确诊为产道异常、胎位不正时，应实施手掏术。母猪产仔无力，应及时掏出胎儿。

术者首先要认真剪磨指甲，用3%来苏儿消毒手臂，并涂上液体石蜡或肥皂，蹲在高床网上产仔栏后面或侧卧在母猪臀后（平面产仔）。手成锥状于母猪努责间隙，慢慢地伸入母猪产道（先向斜上后直入），即可抓住胎儿适当部位（如下颌、腿等），再随母猪努责，慢慢将仔猪拉出。不要拉得过快以免损伤产道。掏出一头仔猪后，可能转为正常分娩，不要再掏了。如果实属母猪子宫收缩乏力，可全部掏出。做过手掏术的母猪，均应使用抗生素5~7天，防止继发感染，影响将来的发情、配种和妊娠。

(10) 输　猪的死胎往往发生在最后分娩的几个胎儿，在产出后期，若发现仍有胎儿未产出而排出滞缓时，最好用药物催产（如缩宫素）。

在助产过程中，要尽量防止损伤和感染产道。助产后应当给母猪注射抗菌药物，以防感染。输液的方案：第一瓶，0.9%生理盐水500毫升+头孢噻呋（每千克体重5毫克）+鱼腥草注射液（每千克体重0.1毫升）；第二瓶，5%葡萄糖500毫升+维生素C（一次量500毫克）+维生素 B_1（一次量50毫克）。

实在没有办法的情况下，可以使用剖宫产。

3. 避免滥用催产素

通常，当母猪分娩过程较慢时，有的饲养员或初学兽医人员，为求快速分娩，喜欢用催产素（缩宫素）来催产。值得注意的是催产素的使用是有一定适应症的，不能滥用，更不能超剂量使用，如果使用不当，不但催产不成，反而会造成胎儿窒息而死，母猪子宫破裂而亡，造成不必要的损失。

（1）仔猪出生慢的原因很多　①产道里有一头大的仔猪，而骨盆腔又相对狭窄（尤其是初产母猪、过于肥胖的母猪、双肌臀品种母猪）。②同时有两头仔猪出生，堵在交叉部。③胎位不正。④已分娩很长时间，母猪虚弱，子宫阵缩无力。⑤产房中温度过高或冬季生煤炉造成氧气不足，二氧化碳过高，舍内氨气过量等。

如果出现分娩较慢的问题，不认真分析和检查产道，而不分青红皂白地就注射催产素，弊多利少。轻者，造成胎儿与胎盘过早分离，或在分娩前脐带断裂，使仔猪失去氧气供应，胎儿窒息死亡；重者，如果骨盆狭窄，胎儿过大，胎位不正（横位），会造成母猪子宫破裂。

（2）正确使用催产素　①在仔猪出生1~2头后，估计母猪骨盆大小正常，胎儿大小适度，胎位正常，从产道娩出是没问题的，但子宫收缩无力，母猪长时间有努责而不能产出仔猪时（间隔时间超过45分钟以上）可考虑使用催产素，使子宫增强收缩力，促使胎儿娩出。②在人工助产的情况下，进入产道的仔猪已被掏出，估计还有仔猪在子宫角中未下来时可使用。③胎衣不下。产仔1~3小时即可排出胎衣，若3小时以后，仍没有排出则称为胎衣不下，可注射催产素，2小时后可重复注射一次。

（3）使用方法　要准确掌握剂量，一般注射剂量为20~50单位，阴唇内侧注射，效果很好。如果30分钟仍未见效，可第二次注射催产素。如果仍然没有仔猪出生，则应驱赶母猪在分娩舍附近活动，可使产道复位以消除分娩障碍，使分娩过程得以顺利进行。

（三）假死仔猪的急救

有的仔猪出生后全身发软，奄奄一息，甚至停止呼吸，但心脏仍在微弱跳动（用手压脐带根部可摸到脉搏），此种情况称为仔猪假死。如不及时抢救或抢救方法不当，仔猪就会由假死变为真死。

急救前应先把仔猪口鼻腔内的黏液与羊水用力甩出或捋出，并用消毒纱布或毛巾擦拭口、鼻，擦干躯体。急救的方法如下。

① 立即用手捂住仔猪的鼻、嘴，另一只手捂住肛门并捏住脐带。当仔猪深感呼吸困难而挣扎时，触动一下仔猪的嘴巴，以促进其深呼吸。反复几次，仔猪就可复活。

② 仔猪放在垫草上，用手伸屈两前肢或后两肢，反复进行，促其呼吸成活。

③ 仔猪四肢朝上，一手托肩背部，一手托臀部，两手配合一屈一伸猪体，反复进行，直到仔猪叫出声为止。

④ 倒提仔猪后腿，并抖动其躯体，用手连续轻拍其胸部或背部，直至仔猪出现呼吸。

⑤ 用胶管或塑料管向仔猪鼻孔内或口内吹气，促其呼吸。

⑥ 往仔猪鼻子上擦点酒精或氨水，或用针刺其鼻部和腿部，刺激其呼吸。

⑦ 将仔猪放在 40℃温水中，露出耳、口、鼻、眼，5 分钟后取出，擦干水气，使其慢慢苏醒成活。

⑧ 将仔猪放在软草上，脐带保留 20~30 厘米长，一手捏紧脐带末端，另一只手从脐带末端向脐部捋动，每秒钟捋 1 次。连续进行 30 余次时，假死猪就会出现深呼吸；捋至 40 余次时，即发出叫声，直到呼吸正常。一般捋脐 50~70 次就可以救活仔猪。

⑨ 一只手捏住假死仔猪的后颈部，另一只手按摩其胸部，直到其复活。

⑩ 如仔猪因短期内缺氧，呈软面团的假死状态，应用力擦动体躯两侧和全身，促进仔猪血液循环而成活。

三、母猪分娩护理

1. 待产准备

母猪应在产前 3~5 天转入分娩舍，母猪转入分娩舍前，将其腹部、乳房及阴户附近的泥污清洗干净，用 2%~5%来苏儿溶液消毒清

洗干净后转入产房待产。母猪转入分娩舍后应单圈饲养、停止运动，并根据膘情适当、逐渐减少饲喂量的1/4~1/2。分娩当天可停料，但要保证供给充足清洁的饮水，以防止乳汁过多过浓引起仔猪腹泻和母猪乳房肿胀。

2. 分娩护理

母猪分娩时必须有专业人员在场护理，母猪分娩一般都很顺利，但有时也发生难产。难产处理方法见前述人工助产。

3. 科学饲喂

母猪分娩结束后，要肌内注射抗生素防止产科疾病发生。母猪产仔结束休息1~2小时后，可先喂给温热的麸皮盐水，产后8~10小时可喂少量泌乳期母猪料，产后2~3天内以粥料为佳，不宜喂得过多，2~3天后可饲喂湿拌料或干粉料，饲喂量逐渐恢复。对产仔数过多或过少及无乳或少乳的母猪，要寄养仔猪。为合理利用母猪，保障母猪、仔猪的福利，每头母猪以带10~12头仔猪为宜，尽量使每窝仔猪头数相等。

第三节　新生仔猪精细化饲养管理

新生仔猪是指仔猪从离开母体到脐带干燥脱落这段时间的仔猪，一般在1周龄左右。由于仔猪出生前后其生存环境发生根本性的改变(母体内和母体外环境)，而表现出特定的生理特点，也是整个养猪过程中最难管理、最费精力的重要环节。因此，把握新生仔猪的生理特点，搞好新生仔猪的精细化饲养管理，是提高养猪效益的关键。

一、新生仔猪的生理特点

了解初生仔猪的生理特点，对于采取相应措施做好新生仔猪的护理，降低仔猪死亡率和提高仔猪体重具有重要的意义。

1. 易窒息

仔猪在母体内靠母体的血液通过胎盘循环进行气体交换，出生后转变为自行呼吸。出生时由于产道停留时间、胎衣和黏液（特别是口腔、鼻腔黏液）等因素影响，新生仔猪易窒息。

2. 行动不灵活，易受攻击

母猪分娩时由于生理、心理、环境变化及接产人员等因素干扰，易形成分娩应激情绪，特别是初产或有难产史或接产不当的母猪，故分娩母猪容易攻击接产人员和新生仔猪。同时新生仔猪由于四肢乏力、行动不灵活，往往成为母猪攻击的对象。

3. 产热少、散热多及体温调节机能不健全而怕冷

新生仔猪由于血糖含量少，产热能力低，体毛稀少，皮下脂肪薄，防寒能力差，体表面积相对较大，极易散失体热，导致体温调节机能不健全。另外，分娩时内外环境的温差，母猪子宫内的环境温度为39~40℃，母猪分娩舍温度常为22~25℃，及仔猪身上水分蒸发带走热量等因素影响，故初生仔猪都怕冷。

4. 缺乏先天性免疫力，易受到各种病原的威胁

因母猪子宫血管与胎儿脐带血管之间被6~7层组织隔开，限制了母体大分子免疫抗体通过血管进入胎儿体内。因此，新生仔猪体内缺乏先天性免疫力，仔猪只有吃到初乳后，初乳中的免疫球蛋白可由肠道直接进入血液才具有免疫能力。但初乳中的免疫球蛋白在仔猪出生3天后迅速下降，而仔猪本身从10日龄后才开始产生抗体，直到30~35天数量还很少，此后逐渐上升至正常水平。因此，仔猪3周龄左右处于免疫球蛋白不足阶段，应特别注意防病。

5. 新生仔猪消化器官在结构和机能方面都不完善

仔猪出生时胃的重量为5~8克，只能容纳25~40毫升乳汁，大肠、小肠的长度和容积也相对小，故其消化器官结构不完善。

新生仔猪先天胃酸及消化酶不足，胃肠道发育不健全及肠道内有益菌群没有形成。胃肠运动机能微弱，胃排空速度快，以及初生仔猪胃运动微弱无静止期，随着日龄增加，胃运动逐渐呈运动和静止的节律性变化，到2~3月龄接近成年猪。

6. 乳汁不能提供足够的铁和水

铁是血红蛋白的组成成分，新生仔猪从母体带来的铁非常有限，

只能维持3~5天的生长需要，母猪乳汁不能为新生仔猪提供足够的铁质，缺铁会造成乳猪的贫血，表现为苍白、无力、皮毛杂乱、食欲不振、疾病抵抗能力差，最后发展成僵猪。水是生命之源，供水不足会影响仔猪的生长发育。猪乳与其他家畜的乳汁奶相比，水分少、干物质多，蛋白质含量高，尤其是初乳的干物质更多，蛋白质含量更高，故新生仔猪时常处于口渴状态，必须供给充足的饮水。

仔猪生长发育快、体脂肪沉积少，初生时只有1%~2%的体脂，作为能源的血液游离脂肪酸量很低，因此限制了仔猪的能量来源。

二、新生仔猪精细化饲养管理

1. 转移仔猪

由于新生仔猪易受攻击和易窒息，所以仔猪一出生，应撕破胎衣，迅速用消毒好的抹布擦干口腔、鼻腔及全身黏液，断脐。然后，尽快将新生仔猪转移到安全的地方，防止初生仔猪受攻击、窒息。

2. 打耳号

（1）为什么要给新生仔猪打耳号　①新生仔猪的耳号编制是每个种猪场必做的工作。育种工作的任何一个环节都离不开耳号。目的是为了记录仔猪的来源、血缘关系、生长快慢、生产性能等。商品猪场的新生仔猪也要进行打耳号，以方便出栏猪安全生产可追溯。②仔猪耳号编制直接影响到以后各阶段种猪生产性能的测定记录、销售种猪的档案记录、血缘追踪记录、遗传信息反馈（如疝气、单睾、毛色、五爪猪等）等。③为了掌握仔猪出生及各个阶段的生长发育状况，以及母猪本身生产能力，保护系谱的准确性和保持品种的纯度，为进入全国种猪登记顺利进行，因此，仔猪出生时必须进行耳号编制。

（2）耳缺法打耳号的主要仪器设备　耳号钳。

（3）耳号的记录　①给仔猪编制耳号前，先检查母猪耳号与种猪繁育记录卡上的号码是否一致，然后认真仔细地把种猪繁育记录卡上的内容（父、母品种、耳号、母猪产仔的胎次、配种日期、配种方式、交配次数、分娩时间、妊娠天数、产仔总数、产活仔数、弱仔数、畸形、死胎、木乃伊及是否顺产）和新编仔猪窝号填写在《产仔哺育记录表》上。②将《产仔哺育记录表》上的这些记录输入电脑中的“育种管理系统”，便于进行母猪繁殖性能测定，掌握母猪繁殖水平，选留后备种猪和淘汰繁殖性能差的母猪时作为参考。

（4）耳缺法打耳号的原则、时间　①遵循左大右小，上一下三，公单母双的原则进行。②编制耳号的同时，认真数好乳头数，记录清楚有无瞎乳、副乳，是否排列均匀，称好初生重，并做好详细记录。③在操作中以最小的疼痛刺激为准。④新生仔猪耳号在出生后24小时内必须编制完成。最佳时间是7: 00—10: 00、18: 00—19: 00进行，此时环境气温稍低，猪只体温相对偏低，编制耳号时流血会少些。

（5）猪耳号的表示方法　在猪的左耳上缘打一缺口，代表10；左耳下缘打一缺口，代表30；左耳尖上缘打一缺口，代表200；左耳中央打一洞，代表800。在猪的右耳上缘打一缺口，代表1；右耳下缘打一缺口，代表3；右耳尖上缘打一缺口，代表100；右耳中央打一洞，代表400。

（6）错号处理　首先应查看该编号是否使用过，如果未使用，则不需改动，但需记录清楚并特别标明，防止以后重复编制和便于查看；该编号如已使用，则根据具体情况编制新编码以保证猪场每个仔猪耳号的唯一。

（7）注意事项　①一个猪场每个耳号都是唯一的。②打耳号时，要打在猪耳的软骨上，如只打在皮肤上，猪长大后就看不清了。③两个缺口不要打得太近，以免猪打架时把两个缺口中间相连接处咬掉，两个号就成一个号了。④为了减少对猪的疼痛刺激，在编制过程中尽可能少地打耳孔和缺口。⑤注意消毒，耳号钳、耳孔钳使用之前用75%酒精消毒，打完耳号后用消毒液浸泡10~15分钟，洗净擦干，待下次用。尽可能每打一头消毒一次，以防交叉感染。消毒不严，会引起耳缺发炎，导致仔猪生长受阻。个体仔猪打完耳缺用3%碘酒涂擦耳缺处。⑥在没有打完耳缺之前，禁止小猪寄养，以免造成父母来源不明。

3. 仔猪去犬齿

（1）原因　① 仔猪在争夺乳头时用犬齿互相殴斗而咬伤面颊，一旦被细菌感染发炎，将影响其吃乳，有的甚至造成瞎眼，失去种用价值，商品猪影响育肥效果。② 仔猪在争抢乳头时锋利的犬牙会咬伤母猪乳头或乳房，造成乳房炎和母猪疼痛不安，拒绝哺乳，严重影响仔猪生长发育。母猪由于疼痛会经常起卧，踩压仔猪。③ 猪只在保育和育肥期间容易出现咬尾咬耳现象，严重影响育种和育肥。④ 有些成年猪殴斗时，常被犬齿咬得遍体鳞伤。

（2）方法及注意事项　① 保定仔猪。② 消毒钳子。③ 用一只手的拇指和食指捏住小猪上下颌之间（即两侧口角），迫使小猪张开嘴露出犬牙，然后用剪牙剪或电工用的斜口钳分别紧贴仔猪的齿龈将左右两对犬齿剪断。④ 剪牙时要注意不要伤及齿龈和舌。⑤ 剪下的牙粒注意不能让小猪吞下。

4. 仔猪断尾

（1）优点　① 节省饲料，提高日增重。仔猪尾巴的功能是驱赶蚊蝇及同类嬉戏。虽然其作用不大，但猪每天摆尾消耗的能量占日代谢能的15%，无形中造成饲料浪费，如果把这部分能量用于脂肪沉积，可提高日增重2%～3%，还可节省饲料。提前10～15天出栏。② 减少咬尾症。咬尾是猪的一种恶癖，原因很复杂，将仔猪断尾则能有效控制该病发生。据统计，咬尾症在同群中一般可达20%～30%，由于该病的出现，降低了猪的饮食及抗病力，同时极易感染坏死杆菌、葡萄球菌、链球菌等，大大降低猪的生产性能。③ 降低仔猪死亡率。仔猪断尾后，可提高窝成活率，原因是哺乳母猪有可能无意中压住仔猪的尾部，令其无法活动，仔猪又无力挣脱，有的造成死亡。有的母猪有恶癖，专噬仔猪尾巴，断尾后则可避免。④ 改善胴体品质。断尾后猪的肋间脂肪沉积增多，肌纤维变得细腻，适口性增强，同时屠宰率提高4%～5%。

（2）时间　仔猪出生后1～2天内进行。

（3）方法　① 烧烙断尾法。手术时要两人合作，助手抓住仔猪的两条后腿，分开约60°，尾巴朝上。术者左手将仔猪尾根拉直，右手持已充分预热的250瓦电热断尾钳在距尾根2.5厘米处（实际生产中断尾长度母猪尾巴刚好盖住外阴即可，公猪盖住睾丸的一半为好）。稍用力压下，随烧烙尾巴被瞬间切断。② 机械断尾钳直接断尾法。为了使感染的风险降到最小，断尾钳要锋利，无缺口，而且在使用前后要用热肥皂水清洗、浸泡，洗干净之后，放进消毒液中浸泡消毒。每两头仔猪之间，用消毒液进行消毒。断尾钳不能用于剪牙或断脐带。左手臂夹住仔猪，仔猪头朝向操作者背部。左手抓住一只后腿和尾巴进行固定。③ 钝钳夹持断尾法。用钝型钢丝钳在距尾根2.5厘米处，连续钳两钳子，两钳的距离为0.3~0.5厘米，5~7天之后尾骨组织由于被破坏停止生长而干掉脱落。④ 牛筋绳紧勒法。仔猪出生后，用浸泡数天的牛筋线蘸消毒液后在距尾根2.5厘米处用力勒紧，待7~12天后自行脱落，达到断尾目的。此法操作简便，无任何感染。⑤ 剪断法。断尾时固定好仔猪，消毒术部，再用已消毒的剪刀在距尾根2.5厘米处直接剪断尾巴，然后涂上碘酒或止血剂。

（4）注意事项　① 断完一窝仔猪，要在产仔卡上做好记录日期。② 电热断尾钳应充分预热。只有温度高，切断速度才快，应激小。③ 断尾时不能过分切除，否则因切面大，会大量失血。④ 手术时固定要牢靠，术者下手要准。防止仔猪挣脱后烙铁触及猪或人的其他部位，造成损伤。⑤ 个别受断尾应激的仔猪要单独分开饲养。

5. 保温防压

(1) 仔猪保温　由于新生仔猪产热少、散热大及体温调节机能不健全而怕冷，出生不久的仔猪被冻死、压死、踩死的情况时有发生。因此做好保温防压工作，为仔猪创造适宜的小气候环境，是提高初生仔猪成活率的关键措施。仔猪最适宜的环境温度是：1~7日龄为28~32℃，8~30日龄为25~28℃，31~60日龄为23~25℃。

主要方法如下。

① 调整产仔季节，可把分娩时间控制在春、秋两季。

② 猪床水泥地面上的热传导损失约15%，应在其上铺垫5~10厘米的干稻草，以防热的散失，但要注意训练仔猪养成定点排泄的习惯，使垫草保持干燥。天冷时，可在仔猪窝的上方悬吊干草捆，让仔猪钻在干草捆里睡觉。这种方法简单易行，效果也好。有条件的可采

用红外线仔猪保温箱。除此之外，火炉、取暖器等都可用来保温。

红外线保温箱可用木制，容积为 1 米^3，固定于产圈一角，留一个仔猪出入口，内挂一只 250 瓦的红外线灯泡。保温箱顶部设一块能来回拉动的玻璃窗，一则能观察仔猪活动情况，二则可以通过拉开的大小适当调节箱内温度。仔猪保温小室，可在相邻产圈中间用砖和水泥修建，宽 90 厘米，高 85 厘米。靠产圈一侧留一个宽 20 厘米、高 28 厘米的仔猪出入口，上面用木板盖上，留一个活动玻璃窗即可。

③ 烟道保暖。在仔猪保育舍内，每两个相邻的猪床中间地下挖一个 25~35 厘米宽的烟道，上面铺砖，砖上抹草泥，在仔猪舍外面的坑内生火。也可以在仔猪出生、抹干身上的黏液后，放进带有稻草、麻袋等保温材料的箩筐、纸箱内，2~3 天后再让仔猪到母猪身边吃母乳。此法设备简单、成本低、效果好。

（2）防压　仔猪出生后 1 周内，由于母猪疲倦、仔猪软弱，很容易出现被压死的现象，要做好防压工作。① 保持母猪圈舍的安静，减少刺激，防止母猪因惊恐而踩死仔猪、压死仔猪。② 固定乳头，剪短仔猪口中的犬齿，避免仔猪咬痛母猪乳头，出现母猪起卧不安的现象。③ 在猪圈内母猪易靠墙躺卧的一侧或一角，用木栏或铁栏杆在距墙和地面有 20~30 厘米的距离处安装护仔栏（架）。也可用砖墙在圈舍一侧设置护仔间（宽 60~70 厘米，长度以容纳全窝仔猪采食为度，通常 2 米左右），留有仔猪出入口，栏内铺上垫草。对初生仔猪用作防压保温，以后供补饲仔猪用。这样可防止母猪沿墙躺下时，将仔猪压在身下或挤压在墙角致死的现象发生。④ 产后 1 周内指定专人看护，昼夜值班，一旦看到母猪压住了仔猪，应立即提起母猪尾巴或拍打母猪耳根，令其站起，迅速救起被压仔猪。⑤ 要训练仔猪，让其吃足奶后进入护仔间休息，在经过几次训练后，仔猪就会习惯出入保温箱，既不会被冻死，也不会被压死、踩死。

6. 早吃初乳、固定乳头、收集初乳

（1）让仔猪尽早吃到初乳　母猪产仔后 3~5 天内分泌的乳汁，称为初乳。刚出生的仔猪体内抗体很少，完全依赖初乳获得母源抗体，从而对抗细菌和病毒的侵入。所以仔猪出生后要尽早吃上母猪初乳。

（2）固定乳头　固定乳头是为了使全窝仔猪生长发育整齐均匀，缩小先天差距，提高育成率。母猪不同乳头和泌乳的质与量是不同的，越靠近胸前的乳头泌乳量越大，越往后乳头泌乳量越小。因此，仔猪出生后 2 天内，应人工固定乳头，将体重小或体质弱的仔猪固定到前边的乳头上，体重与体质中等的放到中间的乳头，最后的乳头就放体重大及体质较好的仔猪，由前向后安排，如果仔猪较少应放弃后面的乳头，保证全窝仔猪正常生长发育的均匀度。

新生仔猪胃肠容量小、消化机能不完善，加上母猪每天泌乳 20~26 次，每次泌乳时间全程 3~5 分钟，实际放奶时间为 10~40 秒，母猪乳池不发达，新生期仔猪一般隔 1~2 小时哺乳一次，生产上靠母猪自然调节哺乳次数；若人工哺乳，仔猪 3~5 日龄即可调教采食人工乳，1 周龄内的仔猪，白天隔 1~2 小时喂一次，夜间 2~3 小时喂一次，每次每头 40 毫升左右。

（3）收集初乳　在分娩时和分娩后 1 小时内，初乳很容易排出。为了保护吃不到初乳的仔猪，应在分娩过程中用人用的吸奶器立即收集母猪的初乳（每个乳头收集的奶不应超过 5 毫升），每头母猪可收集到 60 毫升，足够供 3~4 头仔猪使用（每千克体重 15 毫升）。

人用吸奶器的使用方法是：① 使用前要取下吸球（吸球不可煮），将吸奶罩清洗干净，并放入水中煮沸消毒 1~2 分钟，晾干备用。② 用干净纱布及温开水擦拭乳头，看有无乳塞堵住乳头并清除。③ 将吸球压瘪，罩口对准乳房按紧，吸奶罩突出部分朝下，慢慢放松手指，即可吸出乳汁，可反复进行。吸出的乳汁可用注射器吸入其他容器内保存备用，使用时应避免将乳汁吸进吸球。④ 用一手挤压乳房，另一手操作吸奶器，可提高吸出效率。初乳可冷冻保存，当初生仔猪需要初乳时，可以从冰箱中取出，在 37℃ 温水（不要热水）中解冻。

收集初乳的工作目前仍被很多猪场所忽视，不吃初乳的仔猪仅靠喝牛奶是养不活的，尤其是患由 2 型圆环病毒引起的抖抖病仔猪，因颤抖、嘴唇含不住奶头无法吃奶常被饿死。只要能进食 40~60 毫升初乳（每小时灌一次，每次灌 10~20 毫升，连灌 3~4 次），将能提供足够的免疫球蛋白（如果有条件连灌 5~6 次更好）。再灌牛奶等替代物，连喂5~6天，患病仔猪将慢慢自行吃奶而康复。

7. 注射铁制剂

（1）新生仔猪为什么要补铁　铁是哺乳仔猪生长发育所必需的微量元素，是体内多种酶的组成部分，主要存在于动物血红蛋白和肌红蛋白中，参与动物机体氧气、二氧化碳的运输以及体内物质代谢，初生仔猪体内铁的贮量最少，大约有50毫克铁储备，每天大约还需要7毫克铁，而每天母乳中最多可获得1毫克铁。因此，仔猪体内贮存的铁很快就会耗尽，如得不到及时补充，便可出现缺铁性贫血，影响仔猪生长，所以仔猪最好在3日龄内补充铁剂。

（2）常用的补铁制剂　目前，常用的补铁制剂主要是右旋糖酐铁或右旋糖酐铁钴合剂。在注射这些制剂时，如果再加上亚硝酸钠和维生素E，不仅能提高预防效果，而且能够有效地预防仔猪的白肌病。

（3）补铁的最佳时间及注射剂量　由于补铁注射剂对仔猪具有很强烈的刺激性，因此，对于仔猪而言，注射时间不宜过早或过迟。对于仔猪的补铁原则是，在保证初生仔猪吃足初乳的前提下，补铁越早越好。具体讲，仔猪出生后体内储存大约50毫克铁制剂，每天从母乳中大约能获取1毫克的铁，所以仔猪出生后3天为补铁的最佳时间，剂量以150~200毫克为宜，量小不能满足机体的需求，量大则会产生副作用。如补铁时间过晚则会出现缺铁性贫血症，导致仔猪精神不振、食欲减退、腹泻、生长缓慢，甚至生长较快的仔猪会因缺氧而突然死亡。当然，在给初生仔猪补铁的同时，如果再补注一针长效抗生素，可有效地预防仔猪的大肠杆菌病。

（4）补铁方式　舍外饲养的猪可以通过土壤补充铁制剂，而舍内饲养的仔猪只能从母乳或额外补充铁制剂，目前规模化猪场一般通过肌内注射的方式对新生仔猪进行补铁，但也有一些猪场试图通过补饲水剂型铁剂对仔猪进行补铁，有数据表明以肌内注射形式补铁比口服的仔猪平均日增重提高13%，因此建议猪场通过肌内注射进行补铁。

（5）补铁的技术要点　①注射部位：肌内注射，部位在颈部或大腿，颈部注射时针头要呈90°进针，大腿注射时成45°进针。②针头选择：一般选择7号和9号针头，针头较大对仔猪应激大，也会扩大伤口，易感染，针头过长，会刺伤颈部或大腿骨头。③注射技巧：为防止铁剂泄露，可用拇指拉紧注射部位，拔出针头后，松开皮肤，使皮肤和肌肉上的注射小孔不在同一直线上，形成封闭状况。

（6）补铁过程中异常情况　①仔猪应激过大：在补铁过程中，注射行为和铁剂产品对新生仔猪都会产生应激，严重者会使仔猪出现暂时倒地或昏厥的现象。这时可以拍打仔猪或用少量水打湿仔猪颈部让仔猪恢复意识。②铁中毒：一般仔猪出生后3天内补铁150~200毫克，如果铁剂超过200毫克可能会引起仔猪铁剂中毒。另外，由于仔猪个体差异，可能正常量的铁剂也会使仔猪出现铁剂中毒。仔猪若出现铁剂中毒可以静脉输入5%的葡萄糖盐水或维生素C，帮助缓解铁剂中毒的现象。

8. 必要的预防注射

喂初乳前，肌内注射庆大霉素或链霉素，可预防仔猪白痢。使用伪狂犬油乳剂灭活疫苗，每个鼻孔喷雾1~2次，或每个鼻孔滴1~2滴；注射猪瘟兔化弱毒冻干苗1~1.5头份。

由于母猪乳汁浓度高，新生仔猪时常处于口渴状态，应供给仔猪充足的清洁饮水。分娩舍最好安装自动饮水器，让母猪和仔猪自由饮水。

9. 称重

称量仔猪初生重，并做好产仔记录，是建立完善的产仔档案的重要内容。仔猪出生擦干后，应立即称量个体重或窝重。初生体重的大小不仅是衡量母猪繁殖力的重要指标，而且也是仔猪健康程度的重要标志，初生体重大的仔猪，生长发育快，哺育率高，育肥期短。种猪场必须称量初生仔猪的个体重，商品猪场可称量窝重（计算平均个体重）。

10. 仔猪寄养

仔猪寄养作为一项平衡每头母猪带仔数的方法或为先天不足的乳猪提供较好生长机会的方法，其好处毋庸置疑。这项工作的成功程度对规模化猪场经营起到举足轻重的作用。

（1）仔猪寄养的原则　① 寄养仔猪需尽快吃到足够的初乳。② 寄养的母猪产仔日期越接近越好，通常母猪生产日期相差不超过 1 天。③ 发病窝不得往健康窝内寄养，防止疫病交叉感染。④ 调大不调小，调强不调弱。后产的仔猪向先产的窝里寄养时，要挑选猪群里体大的寄养，先产的仔猪向后产的窝里寄养时，则要挑体重小的寄养；同期产的仔猪寄养时，则要挑体形大和体质强的寄养，以避免仔猪体重相差较大，影响体重小的仔猪生长发育。⑤ 寄养时需要估计母猪的哺育能力，也就是考虑母猪是否有足够的有效乳头数，估计其母性行为、泌乳能力等。⑥ 寄养最好选择同胎次的母猪代养。或者青年母猪的后代选择青年母猪代养，老母猪的后代，选择老母猪代养。⑦ 在寄养的仔猪身上涂抹代养母猪的尿液，或在全群仔猪身上洒上气味相同的液体以掩盖仔猪的异味，减少母猪对寄养仔猪的排斥。⑧ 仔猪寄养前，需要作好耳号等标记与记录，以免发生系谱混乱和后期生产管理的查找混乱。

（2）寄养时间　出生 3 日内、4~7 天、8~14 天、15~21 天。

（3）寄养方法　常见的有 4 种。

① 抚养体重太轻仔猪的寄母。将所有的弱仔猪寄于一头母猪；寄母最好是 2 胎母猪且刚刚分娩结束，拥有良好的乳房分布以利于弱小仔猪吸吮乳汁；寄母的仔猪中体重大的仔猪在寄出前吃足初乳；弱仔猪寄养前吃足初乳。

② 单次寄母法。21 日龄之前不要断乳，除非仔猪能够转入条件良好的保育舍；单次寄母法不容易接收仔猪；产房的热应激对寄母有着相当大的风险。

③ 二次寄母法。出生后 12 小时，低体重仔猪已经获得足够的初乳；低体重的仔猪可以在出生后 12 小时寄养；母猪在分娩后 24 小时之内提供初乳。

④ 寄母寄养法。早上放 12 个夹子于口袋中；每看到一头弱仔猪便在母猪卡片上夹一个夹子；口袋里的夹子用完后，寻找一头抚养有 12~13 头已准备好断乳的母猪，然后移走她抚养的仔猪；把母猪卡片上有夹子的 12 头弱仔猪寄养给这头母猪。

（4）检查标准　各单元窝内整齐度基本一致，哺乳时无仔猪抢

奶现象为宜。

第四节 哺乳母猪精细化饲养管理

一、哺乳母猪的精细化饲养

哺乳母猪饲养的主要目标是：提高泌乳量，控制母猪体重，仔猪断乳后能正常发情、排卵，延长母猪利用年限。

（一）母猪的泌乳规律及影响因素

1. 母猪乳房构造特点

猪是多胎动物，母猪一般有 6 对以上乳头，沿腹线两侧纵向排列。乳腺以分泌管的形式通向乳头，中前部的乳头绝大多数有 2～3 个分泌管，而后部乳头绝大多数只有 1 个分泌管，有些猪最后一对乳头的乳腺管发育不全或没有乳腺管。由于每个乳头内乳腺管数目不同，各个乳头的泌乳量不完全一致。猪的乳腺在机能上都完全独立，与相邻部分并无联系。

母猪乳房的构造与牛、羊等其他家畜不同。牛、羊乳房都有蓄乳池，而猪乳房蓄乳池则极不发达，不能蓄积乳汁，所以小猪不能随时吸吮乳汁。只有在母猪“放乳”时才能吃到奶。

猪乳腺的基本结构是在 2 岁以前发育成熟的。再次发育主要发生在泌乳期中，只有被仔猪哺用的乳头，其乳腺才得以充分发育。对初产母猪来说，其乳头的充分利用是至关重要的。如果初产母猪产仔数过少，有些乳头未被利用，这部分乳头的乳腺则发育不充分，甚至停止活动。因此，要设法使所有的乳头常被仔猪哺用（如采取并窝、代哺，或训练本窝部分仔猪同时哺用两个乳头等措施），才有可能提高和保持母猪一生的泌乳力。

2. 母猪的泌乳规律

由于母猪乳房结构上的特点，母猪泌乳具有明显的定时“循环放乳”规律。

（1）泌乳行为　当仔猪饥饿需求母乳时，就会不停地用鼻子摩擦揉弄母猪的乳房，经过2~5分钟后，母猪开始频繁地发出有节奏的“吭、吭”声，标志着乳头开始分泌乳汁，这就是通常所说的放乳。此时仔猪立即停止摩擦乳房，并开始吮乳。母猪每次放乳的持续期非常短（最长1分钟左右，通常20秒左右）。一昼夜放乳的次数随分娩后天数的增加而逐渐减少。产后最初几天内，放乳间隔时间约50分钟，昼夜放乳次数为24~25次；产后3周左右，放乳间隔时间约1小时以上，昼夜放乳次数为10~12次。而每次放乳持续的时间，则在3周内从20秒逐渐减少为10多秒后保持基本恒定。

（2）泌乳量　母猪的泌乳量依品种、窝产仔数、母猪胎龄、泌乳阶段、饲料营养等因素而变动。每个胎次泌乳量也不同，通常以第三胎最高，以后则逐渐下降。以较高营养水平饲养的长白猪为例：60天泌乳期内泌乳量约600千克，在此期间，产后1~10天平均日泌乳量为8.5千克，11~20天为12.5千克，21~30天为14.5千克（泌乳高峰期），31~40天为12.5千克，41~50天为8千克，51~60天为5千克。

不同的乳头泌乳量不同，一般前面2对乳头泌乳量较多，中部乳头次之，最后2对最少。

每天泌乳量不平衡。母猪整个泌乳期内的泌乳总量为250~400千克，日平均4~8千克。但每天泌乳量不同，且呈规律性变化。一般是产后3~4周时达高峰期，以后泌乳量下降。第一个月的泌乳量占全期泌乳量的60%~65%。

在整个泌乳期内，各阶段的泌乳量也不一致。母猪泌乳量一般在产后10天左右上升最快，21天左右达到高峰，以后开始逐渐下降。所以，一般营养水平的仔猪早期断乳日龄不宜早于21日龄。

（3）乳汁成分　母猪乳汁成分随品种、日粮、胎次、母猪体况等因素有很大差异。

猪乳分为初乳和常乳两种。初乳是母猪产仔3天之内所分泌的乳，主要是产仔后12小时之内的乳。常乳是母猪产仔3天后所分泌的乳。初乳和常乳成分不相同（表2-3）。

表 2-3 初乳和常乳的成分

	水分	总蛋白	脂肪	乳糖	免疫球蛋白（毫克/毫升血液）			白蛋白
					G	A	H	
初乳	73.5	19.3	4.0	2.2	64.2*	15.6*	6.7	13.8*
常乳	81.1	5.8	7.3	4.3	3.5**	5.5**	2.3**	4.9**

注：* 分娩后 12 小时平均值；** 分娩后 72 小时平均值。免疫球蛋白项目的数据仅供参考，因为其含量受各种因素影响而变化幅度很大。这些数据旨在说明初乳中免疫球蛋白的含量大大高于常乳中的含量，且其含量迅速降低。

同一头母猪的初乳和常乳的成分比较，初乳含水分低，含干物质高。初乳蛋白质含量比常乳含量高。初乳中脂肪和乳糖的含量均比常乳低。初乳中还含有大量抗体和维生素，这可保证仔猪有较强的抗病力和良好的生长发育。由此可见，初乳完全适应刚出生仔猪生长发育快、消化能力低、抗病力差等特点。

3. 影响母猪泌乳量的因素

（1）饮水　母猪乳中含水量为 81%~83%，每天需要较多的饮水，若供水不足或不供水，都会影响猪的泌乳量，常使乳汁变浓，含脂量增多。

（2）饲料　多喂些青绿多汁饲料，有利于提高母猪的泌乳力。另外，饲喂次数、饲料优劣对母猪的泌乳量也有影响。

（3）年龄与胎次　一般情况下，第一胎的泌乳量较低，以后逐渐上升，4~5 胎后逐渐下降。

（4）个体大小　“母大仔肥”，一般体重大的母猪泌乳量要多。因体重大的母猪失重较多，这是用于泌乳的需要。

（5）分娩季节　春秋两季，天气温和凉爽，母猪食欲旺盛，其泌乳量也多；冬季严寒，母猪消耗体热多，泌乳量也少。

（6）母猪发情　母猪在泌乳期间发情，常影响泌乳的质量和数量，同时易引起仔猪的白痢病，泌乳量较高的母猪，泌乳会抑制发情。

（7）品种　母猪品种不同，泌乳量也有差异。一般二元杂交母猪的泌乳量较纯种母猪和土杂猪的泌乳量要高。

（8）疾病　泌乳期母猪若患病，如感冒、乳房炎、肺炎等疾病，可使泌乳量下降。

（二）哺乳母猪的营养需要特点

1. 能量

泌乳母猪昼夜泌乳，随乳汁排出大量干物质，这些干物质含有较多的能量，如果不及时补充，一则会降低泌乳母猪的泌乳量，二则会使得泌乳母猪由于过度泌乳而消瘦，体质受到损害。为了使泌乳母猪在4~5周的泌乳期内体重损失控制在10~14千克范围内，一般体重175千克左右带仔10~12头的泌乳母猪，日粮中消化能的浓度为14.2兆焦/千克，其日粮量为5.5~6.5千克，每日饲喂4次左右，以生湿料喂饲效果较好。如果夏季气候炎热，母猪食欲下降时，可在日粮中添加3%~5%的动物脂肪或植物油。另外，冬季有些猪场舍内温度达不到15~20℃，母猪体能损失过多时，一种方法是增加日粮给量，另一种方法是向日粮中添加3%~5%的脂肪。如果母猪日粮能量浓度低或泌乳母猪吃不饱，母猪表现不安，容易踩压仔猪时，建议母猪产仔第4天起自由采食。上述方法有利于泌乳和将来发情配种。

2. 蛋白质

泌乳母猪日粮中蛋白质数量和质量直接影响母猪的泌乳量。生产实践中发现，当母猪日粮蛋白质水平低于12%时，母猪泌乳量显著降低，仔猪容易下痢且母猪断乳后体重损失过多，最终影响再次发情配种。因此，日粮中粗蛋白质水平一般应控制在16.3%~19.2%较为适宜。在考虑蛋白质数量的同时，还要注意蛋白质的质量，特别是氨基酸组成及含量问题。

（1）蛋白质饲料的选用　如果选用动物性蛋白质饲料提倡使用进口鱼粉，一般使用比例为5%左右；植物性蛋白质饲料首选豆粕，其次是其他杂粕。值得指出的是，棉粕、菜粕去毒、减毒不彻底的情况下不要使用，以免造成母猪蓄积性中毒，影响以后的繁殖利用。

（2）限制性氨基酸的供给　在以玉米-豆粕-麦麸型的日粮中，赖氨酸作为第一限制性氨基酸，如果供给不足将会出现母猪泌乳量下降，母猪失重过多等后果。因此，应充分保证泌乳母猪对必需氨基酸的需要，特别是限制性氨基酸更应给予满足。实际生产中，多用含必需氨基酸较丰富的动物性蛋白质饲料，来提高饲粮中蛋白质质量，也可以使用氨基酸添加剂达到需要量，其中赖氨酸水平应在0.75%左右。

3. 矿物质和维生素

日粮中矿物质和维生素含量不仅影响母猪泌乳量，而且也影响母猪和仔猪的健康。

（1）矿物质的供应　在矿物质中，如果钙磷缺乏或钙磷比例不当，会使母猪的泌乳量降低。有些高产母猪也会在过度泌乳，日粮中又没有及时供给钙磷的情况下，动用体内骨骼中的钙和磷而引起瘫痪或骨折，使得高产母猪利用年限降低。泌乳母猪日粮中的钙一般为0.75%左右，总磷在0.60%左右，有效磷0.35%左右，食盐0.4%~0.5%。钙磷一般常使用磷酸氢钙、石粉等来满足需要。现代养猪生产，母猪生产水平较高，并且处于封闭饲养条件下，其他矿物质和维生素也应该注意添加。

（2）维生素的供应　哺乳仔猪生长发育所需要的各种维生素均来源于母乳，而母乳中的维生素又来源于饲料。因此，母猪日粮中的维生素应充足。饲养标准中的维生素推荐量只是最低需要量，现在封闭式饲养，泌乳母猪的生产水平又较高，基础日粮中的维生素含量已不能满足泌乳的需要，必须靠添加来满足。实际生产中的添加剂量往往高于标准，特别是维生素A、维生素D、维生素E、维生素B_2、维生素B_5、维生素B_{12}、泛酸等应是标准的几倍。一些维生素缺乏症不一定在泌乳期得以表现，而是影响以后的繁殖性能。为了使母猪继续使用，在泌乳期间必须给予充分满足。

（三）哺乳母猪精细化饲养

1. 饲料喂量要得当

母猪分娩的当天不喂料或适当少喂些混合饲料，但喂量必须逐渐增加，切不可一次喂很多，骤然增加喂量，对母猪消化吸收不利，会减少泌乳量。母猪产后发烧原因之一，往往是由于突然增加饲料喂量所致。为了提高泌乳量，一般都采用加喂蛋白质饲料和青绿多汁饲料的办法。但蛋白质水平过高，会引起母猪酸中毒。故必须多喂含钙质丰富的补充饲料，再加喂些鱼粉、肉骨粉等动物性饲料，可以显著地提高泌乳量。

哺乳母猪应按带仔多少，随之增减喂料量，一般都按每多带 1 头仔猪，在母猪维持需要基础上加喂 0.35 千克饲料，母猪维持需要按每 100 千克重喂 1.1 千克料计算，才能满足需要。如 120 千克的母猪，带仔 10 头，则每天平均喂 4.8 千克料。如带仔 5 头，则每天喂 3.1 千克料。

2. 饲喂优质的饲料

发霉、变质的饲料，绝对不能喂哺乳母猪，否则会引起母猪严重中毒，还能使乳汁带毒，引起仔猪拉稀或死亡。为了防止母猪发生乳房炎，在仔猪断乳前 3~5 天减少饲料喂量，促使母猪回奶。仔猪断乳后 2~3 天，不要急于给母猪加料，等乳房出现皱褶后，说明已回奶，再逐渐加料，以促进母猪早发情、配种。

3. 保证充足的饮水

猪乳中水分含量为 80%左右，泌乳母猪饮水不足，将会使其采食量减少和泌乳量下降，严重时会出现体内氮、钠、钾等元素紊乱，诱发其他疾病。一头泌乳母猪每日饮水为日粮重量的 4~5 倍。在保证数量的同时要注意卫生和清洁。饮水方式最好使用自动饮水器，水流量至少 250 毫升/分钟，安装高度为母猪肩高加 5 厘米（一般为 55~65 厘米），以母猪稍抬头就能喝到水为好。如果没有自动饮水装置，应设立饮水槽，保证饮水卫生清洁。严禁饮用不符合卫生标准的水。

二、哺乳母猪的精细化管理

哺乳母猪管理的重点是在保持良好环境条件的基础上，进行全方位观察，发现异常及时纠正。

（一）保持良好的环境条件

良好的环境条件，能避免母猪感染疾病，从而减少仔猪的发病率，提高成活率。

粪便要随时清扫，做到母猪一排便就立即清扫，并用蘸有消毒液的湿布擦洗干净，防止仔猪接触粪便或粪渣。保持清洁干燥和良好的通风，应有保暖设备，防止贼风侵袭，做到冬暖夏凉。

（二）乳房检查与管理

1. 有效预防乳房炎

每天定时认真检查母猪乳房，观察仔猪吃奶行为和母仔关系，判断乳房是否正常。同时用手触摸乳房，检查有无红肿、结块、损伤等异常情况。如果母猪不让仔猪吸乳，伏地而躺，有时母猪还会咬仔猪，仔猪则围着母猪发出阵阵叫奶声，母猪的一个或数个乳房乳头红肿、潮红，触之有热痛感表现，甚至乳房脓肿或溃疡，母猪还伴有体温升高、食欲不振、精神委顿现象，说明发生了乳房炎。此时，应用温热毛巾按摩后，再涂抹活血化瘀的外用药物，每次持续按摩 15 分钟，并采用抗生素治疗。

（1）轻度肿胀时　用温热的毛巾按摩，每次持续 10~15 分钟，同时肌内注射抗生素治疗。

（2）较严重时　应隔离仔猪，挤出患病乳腺的乳汁，局部涂擦10%鱼石脂软膏（碘 1 克、碘化钾 3 克、凡士林 100 克）或樟脑油等。对乳房基部，用 0.5%盐酸普鲁卡因 50~100 毫升加入青霉素 40 万~80 万单位进行局部封闭。有硬结时进行按摩、温敷，涂以软膏。静脉注射广谱抗生素。

（3）发生肿胀时　要采取手术切开排脓治疗；如发生坏死，切除处理。

2. 有效预防母猪乳头损伤

① 由于仔猪剪牙不当，在吮吸母乳的过程中造成乳头损伤。

② 使用铸铁漏粪地板的，由于漏粪地板间隙边缘锋利，母猪在躺卧时，乳头会陷入间隙中，因外界因素突然起立时，容易引起乳头撕裂。

③ 哺乳母猪限位架设置不当或损坏，造成母猪乳头损伤。

生产上，应根据造成乳头损伤的原因加以预防。

（三）检查恶露是否排净

1. 恶露的排出

正常母猪分娩后3天内，恶露会自然排净。若3天后，外阴内仍有异物流出，应给予治疗，可肌内注射前列腺素。若大部分母猪恶露排净时间偏长，可以采用在母猪分娩结束后立即注射前列腺素，促使恶露排净，同时也有利于乳汁的分泌。

2. 滞留胎衣或死胎的排空

若排出的异物为黑色黏稠状，有蛋白腐败的恶臭，可判断为胎衣滞留或死胎未排空。注射前列腺素促进其排空，然后冲洗子宫，并注射抗生素治疗。

3. 子宫炎或产道炎的治疗

若排出异物有恶臭，呈稠状，并附着外阴周边，脓状，可判断为子宫炎或产道炎。应对子宫或产道进行冲洗，并注射抗生素治疗。

对急性子宫炎，除了进行全身抗感染处理外，还要对子宫进行冲洗。所选药物应无刺激性（如0.1%高锰酸钾溶液、0.1%雷夫奴儿溶液等），冲洗后可配合注射氯前列烯醇，有助于子宫积脓或积液的排出。子宫冲洗一段时间后，可往子宫内注入80万~320万单位的青霉素或1克金霉素或2~3克阿莫西林粉，有助于子宫消炎和恢复。

对慢性子宫炎，可用青霉素20万~40万单位、链霉素100万单位，混在高压灭菌的植物油20毫升中，注入子宫。为了排出子宫内的炎性分泌物，可皮下注射垂体后叶素20~40单位，也可用青霉素80万~160万单位、链霉素1克溶解在100毫升生理盐水中，直接注入子宫进行治疗。慢性子宫炎治疗应选在母猪发情期间，此时子宫颈口开张，易于导管插入。

（四）检查泌乳量

1. 哺乳母猪泌乳量高低的观察方法

通过观察乳房的形态，仔猪吸乳的动作，吸乳后的满足感及仔猪的发育状况、均匀度等判断母猪的泌乳量高低。如母猪奶水不足，应采取必要的措施催奶或将仔猪转栏寄养。

哺乳母猪泌乳量高低的观察方法见表2-4。

表2-4 哺乳母猪泌乳量高低的观察方法

	观察内容	泌乳量高	泌乳量低
母猪	精神状态	机警，有生机	昏睡，活动减少；部分母猪机警，有生机
	食欲	良好，饮水正常	食欲不振，饮水少，呼吸快，心率增加，便秘，部分母猪体温升高
	乳腺	乳房膨大，皮肤发紧而红亮，其基部在腹部隆起呈两条带状，两排乳头外八字形向两外侧开张	乳房构造异常，乳腺发育不良或乳腺组织过硬，或有红、肿、热、痛等乳房炎症状；乳房及其基部皮肤皱缩，乳房干瘪；乳头、乳房被咬伤
	乳汁	漏乳或挤奶时呈线状喷射且持续时间长	难以挤出或呈滴状滴出乳汁
	放奶时间	慢慢提高哼哼声的频率后放奶，初乳每次排乳1分钟以上，常乳放奶时间10~20秒	放奶时间短，或将乳头压在身体下
仔猪	健康状况	活泼健壮，被毛光亮，紧贴皮肤，抓猪时行动迅速、敏捷，被捉后挣扎有力，叫声洪亮	仔猪无精打采，连续几小时睡觉，不活动；腹泻，被毛杂乱竖立，前额皮肤脏污；行动缓慢，被捉后不叫或叫声嘶哑、低弱；仔猪面部带伤，死亡率高
	生长发育	3日龄后开始上膘，同窝仔猪生长均匀	生长缓慢，消瘦，生长发育不良，脊骨和肋骨显现突出；头尖，尾尖；同窝仔猪生长不均匀或整窝仔猪生长迟缓，发育不良
	吃奶行为	拱奶时争先恐后，叫声响亮；吃奶各自吃固定的奶头，安静、不争不抢、臀部后蹲、耳朵竖起向后、嘴部运动快；吃奶后腹部圆滚，安静睡觉	拱奶时争斗频繁，乳头次序乱；吃奶时频繁更换乳头、拱乳头，尖声叫唤；吃奶后长时间忙乱，停留在母猪腹部，腹部下陷；围绕栏圈寻找食物，拱母猪粪，喝母猪尿，模仿母猪吃母猪料，开食早
母仔关系	哺乳行为发动	母猪由低到高、由慢到快召唤仔猪，主动发动哺乳行为；仔猪吃饱后停止吃奶，主动终止哺乳行为	由仔猪拱母猪腹部、乳房，吮吸乳头，母猪被动进行哺乳；母猪趴卧将乳头压在身下或马上站起，并不时活动，终止哺乳、拒绝授乳
	放乳频率	放乳频率、排乳时间有规律	放乳频率正常，但放奶时间短或放乳频率不规律

（续表）

	观察内容	泌乳量高	泌乳量低
母仔关系	母仔亲密状况	哺乳前，母猪召唤仔猪；放乳前，母猪舒展侧卧，调整身体姿态，使下排乳头充分显露；仔猪尖叫时，母猪翻身站立、喷鼻、竖耳，处于戒备状态；压倒或踩到仔猪时，立即起身；仔猪活动到母猪头部时，母猪发出柔和的声音；仔猪听到母猪哼哼声时，积极赶到母猪腹部吃奶；仔猪紧贴着母猪下方或爬到母猪腹部侧上方熟睡	母猪对仔猪索奶行为表现易怒症状，用头部驱赶叫唤仔猪或由嘴将其拱到一边；对吸吮乳头仔猪通过起身、骚动加以摆脱；压倒、踩到仔猪时麻木不仁；仔猪急躁不安，围着母猪乱跑，不时尖叫，不停地拱动母猪腹部、乳房，咬住乳头不松口

2. 母猪奶水不足的应对措施

（1）母猪奶水不足的表现　①仔猪头部黑色油斑。多因仔猪头部磨蹭母猪乳房导致的。②仔猪嘴部、面颊有噬咬的伤口。仔猪为了抢奶头而争斗，难免兄弟自相残杀，只为了填饱肚子。③多数仔猪膝关节有损伤。多因仔猪跪在地上吃奶时间长，争抢奶头摩擦，导致膝盖受伤，易继发感染细菌性病原体，关节肿，被毛粗乱。④母猪放奶已结束，仔猪还含着母猪奶头不放。因奶水太少，仔猪吃不饱所致。⑤母猪乳房上有乳圈。奶太少所致。⑥母猪藏奶。母猪奶水不足，不愿给仔猪吮吸，吮吸使母猪不适，又或者母猪母性不好，或者初产母猪第一次不熟悉如何带仔所致。⑦母猪乳房红肿发烫，无乳综合征。母猪在产床睡觉姿势俯卧，不侧卧，是因为母猪乳房发炎，怕仔猪吸乳而疼痛。

（2）母猪奶水不足的应对措施　提供一个安静舒适的产房环境；饲喂质量好、新鲜适口的哺乳母猪料，绝不能饲喂发霉变质的饲料；想方设法提高母猪的采食量；提供足够清洁的饮水，注意饮水器的安装位置和饮水流速，保证母猪能顺利喝到足够的水；做好产前、产后的药物保健，预防产后感染，及时对产后出现的感染进行有针对性的有效治疗。

对于乳房饱满而无乳排出者，用催产素 20~30 单位、10% 葡萄糖 100 毫升，混合后静脉注射；或用催产素 20~30 单位、10%葡萄糖

500 毫升混合静脉滴注，每天 1~2 次；或皮下注射催产素 30~40 单位，每天 3~4 次，连用 2 天。此外，用热毛巾温敷和按摩乳房，并用手挤掉乳头塞。

对于乳房松弛而无乳排出者，可用苯甲酸雌二醇 10~20 毫克+黄体酮 5~10 毫克+催产素 20 单位，10%葡萄糖 500 毫升混合静脉滴注，每天 1 次，连用 3~5 天，有一定的疗效。

中药催乳也有很好的疗效。催乳中药重在健脾理气、活血通经，可用通乳散或通穿散。通乳散：王不留行、党参、熟地、金银花各 30 克，穿山甲、黄芪各 25 克，广木香、通草各 20 克。通穿散：猪蹄匣壳 4 对（焙干）、木通 25 克、穿山甲 20 克、王不留行 20 克。

（五）其他检查

1. 检查母猪采食量

由于母猪分娩过程是强烈的应激过程，分娩后母猪往往体质虚弱，容易感染各种细菌，引发各种疾病，这些极易造成母猪不吃料。在生产上如发生这种情况，要认真查找引起不吃料的原因，并采取相应的措施。

2. 检查母猪健康和精神状况

哺乳母猪在分娩时和泌乳期间处于高度应激状态，抵抗力相对较弱，应及时在饲料中添加必要的抗生素进行预防保健。建议从分娩前 7 天到断乳后 7 天这一段时间（含哺乳全期）添加抗生素预防保健，至少应在分娩前后 7 天或断乳前后 7 天添加。

3. 检查舍内环境

给母猪和仔猪提供一个舒适安静的环境是饲养哺乳母猪非常关键的一项工作。

4. 检查饮水器的供水情况

清洁充足的饮水对哺乳母猪的重要性甚至超过饲料，它是提高母猪采食量，确保充足奶水和自身健康的重要条件。因此每天早、中、晚定时检查饮水器，及时修复损坏的饮水器，保证充足的供水。

第三章　哺乳仔猪的精细化饲养管理

哺乳仔猪是指从出生到断乳阶段的仔猪，一般 30~60 天，超早期断乳的仔猪哺乳期是 21 天。哺乳仔猪的主要特点是生长发育快、生理上不成熟，因而难饲养，成活率低。

第一节　哺乳仔猪的生理特点

一、生长发育快，代谢机能旺盛，利用养分能力强

仔猪初生体重小，不到成年体重的 1%，但出生后生长发育很快。一般初生体重为 1 千克左右，10 日龄时体重达初生重的 2 倍以上，30 日龄达 5~6 倍，60 日龄达 10~13 倍。

仔猪生长快，是因为物质代谢旺盛，特别是蛋白质代谢和钙、磷代谢要比成年猪高得多。出生后 20 日龄时，每千克体重沉积的蛋白质，相当于成年猪的 30~35 倍，每千克体重所需代谢净能是成年猪的 3 倍。所以，仔猪对营养物质的需要，无论在数量上还是质量上都要高，对营养不全的饲料反应特别敏感。因此，对仔猪必须保证各种营养物质的均衡供应。

猪体内水分、蛋白质和矿物质的含量随年龄的增长而降低，而沉积脂肪的能力则随年龄的增长而提高。形成蛋白质所需要的能量比形成脂肪所需要的能量约少 40%（形成 1 千克蛋白质只需要 23.63 兆焦，而形成 1 千克脂肪则需要 39.33 兆焦）。所以，小猪要比大猪长得快，能更经济有效地利用饲料，这是其他家畜不可比拟的。

二、仔猪消化器官不发达，容积小，机能不完善

仔猪初生时，消化器官虽然已经形成，但其重量和容积都比较小。如胃重，仔猪出生时仅有4~8克，能容纳乳汁25~50克；20日龄时胃重达到35克，容积扩大2~3倍；当仔猪60日龄时胃重可达到150克。小肠也强烈地生长，4周龄时重量为出生时的10.17倍。消化器官这种强烈的生长可保持到7~8月龄，之后开始减慢，一直到13~15月龄才接近成年水平。

仔猪出生时胃内仅有凝乳酶，胃蛋白酶很少，由于胃底腺不发达，缺乏游离盐酸、胃蛋白酶没有活性，不能消化蛋白质，特别是植物性蛋白质。这时只有肠腺和胰腺发育比较完全，胰蛋白酶、肠淀粉酶和乳糖酶活性较高，食物主要是在小肠内消化。所以，初生小猪只能吃奶而不能利用植物性饲料。

在胃液分泌上，由于仔猪胃和神经系统之间的联系还没有完全建立，缺乏条件反射性的胃液分泌，只有当食物进入胃内直接刺激胃壁后，才分泌少量胃液。而成年猪由于条件反射作用，即使胃内没有食物，同样能分泌大量胃液。

随着仔猪日龄的增长和食物对胃壁的刺激，盐酸的分泌不断增加，到35~40日龄，胃蛋白酶才表现出消化能力，仔猪才可利用多种饲料，直到2.5~3月龄盐酸浓度才接近成年猪的水平。

哺乳仔猪消化机能不完善的又一表现是食物通过消化道的速度较快，食物进入胃内排空的速度，15日龄时为1.5小时，30日龄时为3~5小时，60日龄时为16~19小时。

三、缺乏先天免疫力，容易生病

仔猪出生时没有先天免疫力，是因为免疫抗体是一种大分子γ-球蛋白，胚胎期由于母体血管与胎儿脐带血管之间被6~7层组织隔开，限制了母体抗体通过血液向胎儿转移。因而仔猪出生时没有先天免疫力，自身也不能产生抗体。只有吃到初乳以后，靠初乳把母体的抗体传递给仔猪，以后过渡到自体产生抗体而获得免疫力。

1. 初乳中免疫抗体的变化

母猪分娩时初乳中免疫抗体含量最高，以后随时间的延长而逐渐降低，分娩开始时每100毫升初乳中含有免疫球蛋白20克，分娩后4小时下降到10克，以后还要逐渐减少。所以，分娩后立即使仔猪吃到初乳是提高成活率的关键。

2. 初乳中含有抗蛋白分解酶

初乳中的抗蛋白分解酶可以保护免疫球蛋白不被分解，这种酶存在的时间比较短，如果没有这种酶存在，仔猪就不能原样吸收免疫抗体。

3. 仔猪小肠有吸收大分子蛋白质的能力

仔猪出生后24~36小时，小肠有吸收大分子蛋白质的能力。不论是免疫球蛋白还是细菌等大分子蛋白质，都能吸收（可以说是无保留地吸收)。当小肠内通过一定的乳汁后，这种吸收能力就会减弱消失，母乳中的抗体就不会被原样吸收。

仔猪出生10日龄以后才开始自身产生抗体，但直到30~35日龄前数量还很少。因此，3周龄以内是免疫球蛋白青黄不接的阶段，此时胃液内又缺乏游离盐酸，对随饲料、饮水等进入胃内的病原微生物没有消灭和抑制作用，因而仔猪容易患消化道疾病。

四、调节体温的能力差，怕冷

仔猪出生时大脑皮层发育不够健全，通过神经系统调节体温的能力差。仔猪体内能源的贮存较少，遇到寒冷血糖很快降低，如不及时吃到初乳很难成活。仔猪正常体温约39℃，刚出生时所需要的环境温度为30~32℃，当环境温度偏低时仔猪体温开始下降，下降到一定范围开始回升。仔猪生后体温下降的幅度及恢复所用时间视环境温度而变化，环境温度越低则体温下降的幅度越大，恢复所用的时间越长。当环境温度低到一定范围时，仔猪则会冻僵、冻死。

据研究，如果出生仔猪处于13~24℃的环境中，体温在生后第1小时可降1.7~7.2℃，尤其20分钟内，由于羊水的蒸发，降低更快。仔猪体温下降的幅度与仔猪体重大小和环境温度有关。吃上初乳的健壮仔猪，在 18～24℃的环境中，约 2 天后可恢复到正常；在 0℃（-4～2℃）左右的环境条件下，经 10 天尚难达到正常体温。出生仔猪如果裸露在 1℃环境中 2 小时即可被冻昏、冻僵，甚至被冻死。

第二节　哺乳仔猪的营养需要与饲料配制

仔猪初生重为 1.2～1.4 千克（品种不同，略有差异），出生后生长发育快，是生长强度最大的时期，饲料报酬高，若此阶段生长发育受阻则易形成僵猪。由于生长发育较快，需要的营养物质多，尤其是蛋白质、钙、磷、铁代谢等比成年猪高得多，对营养不全饲料反应敏感。研究表明，断乳后第 1 周的长势将对其一生的生长性能产生重要的影响。

一、哺乳仔猪的营养需要

（一）能量需要

乳猪饲养的最终目的是获得最大的断乳重和提高群体整齐度。生产实践表明，断乳体重较大的仔猪能顺利过渡到断乳饲粮，并可减少营养性腹泻的发生率；哺乳期生长较快的仔猪在生长肥育期的生长速度亦较快。

由于仔猪的增重在很大程度上取决于能量的供给，因此能量应作为哺乳仔猪饲料的优先级考虑。哺乳仔猪的能量有两个来源，一是母乳，二是仔猪料。因此仔猪料里的能量供给很难给出个确切的数字，实际生产中应根据不同的品种、年龄、体重、不同的生产水平要求、不同的环境条件、不同的健康状况灵活控制哺乳仔猪能量供给，以期达到理想的生长要求。

哺乳仔猪蛋白质沉积与能量摄入量成正相关，因此要想获得最大的蛋白质沉积率，就需要为哺乳仔猪提供最大的能量摄入。考虑到需要尽可能满足弱仔猪的营养需要，乳猪料的能量设计不可太高，以提高弱仔猪的采食量。我国规定的哺乳仔猪每天每头能量需要量为：体重 3～5 千克，预期日增重 160 克，消化能 3.35 兆焦，粗蛋白质 54

克，每千克仔猪饲料含消化能 16. 74 兆焦，粗蛋白 27%；体重 5～10 千克，预期日增重 280 克，消化能 7. 03 兆焦，粗蛋白质 100 克，每千克仔猪饲料含消化能 14. 14 兆焦，粗蛋白 22%；体重 10～20 千克，预期日增重 420 克，消化能 12. 59 兆焦，粗蛋白质 175 克，每千克仔猪饲料含消化能 13. 85 兆焦，粗蛋白 19%。

仔猪出生后，蛋白质和脂肪沉积迅速增加。在出生至 21 日龄断乳期间，仔猪蛋白质和脂肪含量呈线性增加，平均增速分别为 25～38 克/天和 25～35 克/天。哺乳至断乳过渡期间，由于断乳应激的影响，蛋白质增长减慢，而脂肪增长通常为负值。在这一时期，蛋白质沉积速度既与采食量有关，又与饲料中可利用蛋白的含量有关。在良好的保温条件下，体脂肪的动员速度与采食量及饲粮中可利用蛋白的含量密切相关。

（二）蛋白质和氨基酸需要

仔猪出生后生长快速、生理变化急剧，对蛋白质和氨基酸营养需要高。但仔猪消化系统发育不完善，例如，仔猪胰蛋白酶含量在 5 周龄前维持在相对较低的水平，到 6 周龄才开始增加，因此在 5 周龄前仔猪对饲料蛋白尤其是植物性蛋白的消化吸收能力有限。断乳后营养源从母乳转向固体饲料，饲粮中高蛋白质水平往往导致仔猪腹泻和生长抑制，因此确定仔猪饲粮适宜的蛋白质水平尤为重要。综合相关研究报道，19%～22%的粗蛋白质水平可满足 5～20 千克仔猪的需要，建议 5～10 千克阶段采用 22%粗蛋白，10～20 千克阶段采用 19%粗蛋白。

生长猪的氨基酸需要分为维持需要和蛋白质沉积需要，维持和蛋白质沉积的理想氨基酸比例不同。由于仔猪维持需要的氨基酸所占比例与生长猪不同，不同阶段体组织蛋白质的氨基酸组成不同，仔猪尤其断乳仔猪的免疫、抗氧化、抗应激、维持肠道功能等对某些氨基酸具有特殊需要，因此，仔猪的理想氨基酸模式不同于生长肥育猪阶段。实际表明，有些氨基酸的需要量确实不同，例如，谷氨酸、苏氨酸、组氨酸等，这些都有待于进一步去探索，应用上可参考理想蛋白模式来灵活掌握。

（三）矿物质需要与维生素需要

断乳仔猪对添加食盐有积极反应，因此，NRC 提高了仔猪钠和氯的需要量。饲粮中的钾、钠、氯是相互作用的，应考虑电解质平衡，尤其是乳猪饲粮中往往钾含量较高。相关研究表明，仔猪适宜的电解质平衡值为 200~300 毫克当量/千克。

虽然不同研究得出的铜、铁、锌、锰需要量差异较大，而实际上的需要可能接近。分析可能原因：① 品种不同，会略有差异；② 动物体内微量元素吸收、利用互相影响，不同研究者设计的基础饲粮中其他微量元素水平不同，影响目标元素的需要量研究结果；③ 部分研究的试验动物偏少，仅以生长性能评价得出的需要量不准确；④ 部分试验设计梯度偏少，影响结果的精确性；⑤ 环境不同，猪应激状况不同，可能需要略有不同。微量元素不仅影响仔猪的生长，还涉及安全和环保问题。尤其当前仔猪饲料普遍使用高铜、高锌，其微量元素含量普遍高于仔猪营养需要，进一步深入研究仔猪对铜、铁、锌、锰的需要量及其比例仍很重要。

高剂量铜和锌促进仔猪的作用已被大量研究证实，但高铜、高锌带来的残留和污染问题应引起重视，尤其是当前仔猪饲料普遍使用高铜、高锌，微量元素含量普遍高于仔猪营养需要。生产实践中，使用有机螯合物，可降低铜、锌的用量，达到高剂量硫酸铜、氧化锌的效果。

NRC 对维生素的推荐量是基于不出现缺乏症的最低需要量，未能考虑到快速生长、断乳、免疫、应激等需要，而这些对于饲养仔猪非常关键。近十年来相关研究结果表明：① NRC 对脂溶性维生素的推荐量可满足仔猪正常生长的需要，但要获得最佳免疫功能和抗氧化能力，需要 2~5 倍于 NRC 需要量；② 为满足仔猪最佳生长的需要，2 倍于 NRC 推荐的水溶性维生素量是必要的，特殊情况下还需更高。实际上，我国大部分饲料中维生素添加量早远高于 NRC 标准，因而在这方面较少存在问题。

二、哺乳仔猪对饲料的要求

(一) 哺乳仔猪对饲料的要求

哺乳期仔猪消化道功能适合母乳的吸收，体内消化器官正处于生长发育期，无论是消化道容量，还是消化道内酶的活性，都处于较低水平。由此，在饲料供给方面，必须要选择适口性好、易消化吸收、营养密度高的原料，确保仔猪顺利认识饲料，适应断乳后饲养状态，实现由断乳向饲料供给的平稳过渡。

1. 对能量饲料的要求

要求能量具有良好的饲料适口性和消化性，玉米是最佳选择，对其进行膨化处理，促使玉米内淀粉大分子有机物结构糊化变性，更适合仔猪肠胃消化吸收。此外，小麦、麸皮等不建议使用，因为其内抗营养因子含量较高，仔猪用作日粮会加重肠胃负担，影响消化吸收。同时，乳清粉、葡萄糖等作为仔猪能量供给，能有效起到诱食的作用，切实提升仔猪采食量。此外，此阶段日粮能量水平要高，脂肪的能量要高于蛋白质、碳水化合物两倍多，由此建议都使用适量的脂肪，提升饲料适口性，增加仔猪进食量。

2. 对蛋白饲料的要求

仔猪体内组织器官的形成主要源自蛋白的沉积，由此日粮中蛋白、氨基酸的浓度必须确保高标准。然而，由于乳仔猪消化功能发育的不完全性和高强度的新陈代谢，对蛋白质的质量、氨基酸的平衡尤为重要。消化性、适口性好，氨基酸利用率高的蛋白质饲料是乳仔猪对蛋白质原料的要求。全脂大豆粉、大豆粉、鱼粉、血浆蛋白粉等是首选的蛋白质饲料原料。同时，为了进一步提高养分利用率、改善适口性，采用加热等工艺破坏大豆甚至豆粕中的抗营养因子，是保障仔猪良好的消化功能、防止补料腹泻的有效措施。花生粕、棉籽粕、菜籽粕以及其他加工副产品，由于氨基酸不平衡性、适口性较差、所含有毒有害物质的不确定性，不宜作为乳仔猪的蛋白质饲料原料。

3. 对其他饲料的要求

仔猪生长期骨骼发育速度快，对钙、磷等矿物质需求量大。由此，选择优质的钙、磷、矿物质原料尤为重要。同时，要注意饲料中有毒有害物质的测定，如磷酸氢钙中氟的含量、微量元素中重金属的含量等等。同时，为了改善仔猪消化道功能，使用酸制剂、酶制剂等也是必不可少的。但是，具体用量一定要控制得当，同时注意使用方法及目的，做到有的放矢。

（二）哺乳期仔猪饲料配方的特点

在设计哺乳期仔猪饲料配方时，必须要综合考虑哺乳仔猪对饲料的要求，结合其日常生长发育特点，并注意如下问题。

1. 参考标准，科学设定营养需求量

目前，国内地方养殖猪种中有很多优良品种，加上不断的良种改良，优秀的杂交品种更是多样化发展。而针对这些品种的营养需求量差异也相当显著，在饲料配比设计中，必须要参考饲喂标准，同时要注意此阶段养殖特点，科学配比。在选择标准时，相对应制定的参考标准是相对的，必须要结合实际进行多次修正确定，这才是上上之策。

2. 根据补料目的，科学选择饲料原料

仔猪自哺乳期向保育期过渡，是消化器官快速生长发育的关键时期。此时进行补料的目的在于诱食和刺激消化器官快速发育。由此，此时饲料的选择必须要确保适口性和有效刺激肠胃发育。同时，哺乳期仔猪的消化系统正在不断完善，逐步实现由母乳向饲料的过渡，适口性、消化性好的饲料更有利于仔猪的生长发育。总之，适口性好、营养价值高、低成本是饲料选择的必要条件，三者同等重要。但是，由于此阶段仔猪生长发育以母乳为主，进食量还比较少，原料成本低可作为次要考虑因素，更应该重视饲料的适口性和营养性。

3. 根据发育特点，适宜选择饲料添加剂

仔猪断乳之后，饲料逐渐替代母乳，生理营养供给产生很大的变化，如胃酸不足、消化酶不足、微生物有益菌群少、免疫力低下等，都会影响仔猪的营养吸收。由此，必须要根据仔猪的发育特点，科学选择酸化剂、酶制剂、微生态制剂等饲料添加剂，实现仔猪的健康生长发育。但是，由于这些饲料添加剂在改善仔猪消化功能和健康程度上尚且存在不确定因素，使用过程中必须要探讨添加量和实际效果之间的关系，根据自己的养殖情况合理选择添加种类和添加比例。

三、哺乳仔猪饲料配方的配制

由于哺乳仔猪所需饲料营养水平较高，而哺乳仔猪消化系统机能又未健全，所以配制哺乳仔猪饲料时，既要考虑提高饲料营养水平，满足哺乳仔猪需要，又要考虑饲料的适口性和可消化性，防止仔猪不爱采食或不能消化利用。

（一）哺乳仔猪饲料配制要考虑的几个问题

① 应适当提高蛋白质饲料的比例，以提高饲料日粮蛋白质水平。同时，注意利用多种蛋白质饲料，尤其是含必需氨基酸较多的豆饼、鱼粉、肉骨粉等不可缺少，以防止饲料日粮必需氨基酸的缺乏。

② 不能过多使用含粗纤维较多而含能量较低的饲料，以防饲料日粮能量水平达不到要求或粗纤维含量过高而影响仔猪消化利用。

③ 必须额外添加补充矿物质和维生素，因为其在植物性饲料中的含量不能满足哺乳仔猪的需要，尤其是钙和磷，必须额外补充。

④ 哺乳仔猪饲料中不能含有较多具有轻泻作用的饲料，如麸皮等，而应适当加入高粱等有止泻作用的饲料。

（二）哺乳仔猪饲料配方举例（表3-1）

表3-1　哺乳仔猪饲料配方

项目	1	2	3	4	5	6
玉米	30	9	20	30.2	35	37
大麦	25	25	25	30.2	35	32
小麦	2.5	15				
次粉	10	10				
稻谷		10				
麸皮	8	10	10	10.4	12	4
米糠	2.5	10	22			
甘薯藤				1.2		7
水花生				12.6		7

（续表）

项目	1	2	3	4	5	6
豆粕			6	1.8	2	5
棉籽饼	18	10	12	6.8	8	
鱼粉				5.1	6	6.5
血粉	2		1			
肉骨粉			1			
钙粉	0.5	0.5	2			
骨粉	1		0.5	1.3	1.5	1
食盐	0.5	0.5	0.5	0.4	0.5	0.5

第三节 哺乳技术

初生仔猪开始吃奶时，往往互相争夺奶头，易咬伤母猪奶头或仔猪颊部，强壮的仔猪占据前边的奶头或两个奶头，弱小的仔猪只能吸吮奶少的乳头，结果就会形成一窝仔猪中强者愈强，弱者愈弱，到断乳时体重相差悬殊，严重者甚至造成弱小仔猪死亡。为了保证整窝仔猪均匀生长，每头仔猪都能吃足母乳，必须固定奶头。

一、分批哺乳

母猪适宜的哺育仔猪头数与其体况、年龄、饲养条件、泌乳力及有效乳头数有关。一般头胎母猪哺育 8~10 头仔猪，经产母猪哺育 10~12 头仔猪；或按母猪体重判定，以每 20 千克母猪体重哺育 1 头仔猪为宜。

虽然目前大多数农场窝产健活数还没有超过母猪有效乳头数，母猪可以养活大部分仔猪，但是寄养前，仔猪数量多于奶头数的母猪无法保证每头仔猪都可以吃到足够的奶水。另外，随着母猪生产性能的提高，当窝产仔猪数大于有效乳头数，功能奶头稀缺时，要保证所有仔猪存活，并有足够的断乳体重，必须实行分批哺乳。

（一）下列情况需要分批哺乳

① 寄养前，仔猪数比母猪有效乳头数多。

② 寄养前，因乳头排乳效率差异，仔猪吃奶时部分仔猪已吃饱，部分没有吃到或者吃的很少。

③ 寄养前，同窝仔猪个体大小差异过大，弱小仔猪被挤开，无法正常吮乳时。

④ 母猪分娩过程太长，需要对前面产的仔猪进行分批哺乳，使所有的仔猪都能吃到初乳。

（二）分批哺乳的方法

① 采用保温箱，1~3 日龄仔猪放入保温箱（温度 30~35℃），每窝仔猪分成两批哺乳（每批分别为 11 头、18 头），将仔猪分成强弱、大小，在小猪背上划上记号。头 3 天间隔 2 小时哺乳 1 次，平均每昼夜哺乳 12 次；到第 4~28 天，间隔 4 小时哺乳 1 次，平均每昼夜哺乳 6 次。

② 12 日龄开始设置专门的补料间，补颗粒料，训练让仔猪自由采食，每天 3~4 次。待仔猪会吃料时增加到 5~6 次，出现抢食时再减到 4 次，并控制喂量，定时、定量，不要一次吃得过饱。

③ 29 日龄开始用颗粒料加奶粉，奶粉每天每头仔猪 22~25 克，每天喂 5 次，到 40 天转栏，成活率可达 100%。

（三）注意事项

① 母猪分娩时确定母猪有效乳头数，并作明显标记。

② 正常强壮的新生仔猪应朝着乳头方向，在产后很快找奶吃，早些出生的小猪可以充分吮吸。对后出生的仔猪，要细心观察是否成功吃到初乳，如果不吃或没有吃到，就将先出生的小猪移走，放入保温箱中保温，让后出生的小猪有更多吃初乳的机会。

③ 哺乳 45 分钟至 1 小时，将仔猪进行互换，哺乳相同时间。

④ 分批哺乳时，弱小仔猪需要始终留在母猪身边哺乳。

⑤ 当分娩过程被拉长或者仔猪数目很大，早出生的小猪应该移走。在分娩结束前，要保证最少有 4 头小猪在吮吸乳头，因为乳房刺激会释放催产素导致子宫收缩，加快产程。

⑥假定部分小猪已经吮吸足够数量的初乳，并且表现很满足，这时可以把这些仔猪移开母猪乳房1个小时，让其他较弱的小猪也能成功吮吸到初乳。通常分批哺乳被执行2次，在4小时的间隔内保证小的仔猪吃到2次足够的初乳。

二、人工哺乳

有些母猪产仔后泌乳不足或无乳，需配制人工乳才能保证仔猪生长。

生产中常常会遇到仔猪出生不久，母猪产后无乳或乳汁不足等原因造成仔猪缺乳或无乳，发生疾病或死亡等现象。而据相关试验表明，仔猪的生长潜力远远大于母猪的泌乳能力，仔猪人工喂奶比摄取母乳生长更快。因此，研发替代母乳的人工乳，对仔猪进行人工哺乳，不仅可以改变全依靠母乳的养殖习惯，还能大大提高仔猪生长速度，增加养殖收益。

（一）人工乳的配制原则

1. 人工乳配制要符合仔猪的生长需求

人工乳必须具有母乳的各种功能。人工乳主要用于解决母猪泌乳量不足、乳汁不良、小猪早期断乳应激、断乳后生长缓慢及僵猪问题。因仔猪对营养要求高，所以在配制人工乳时要注意保持其营养性、消化性、适口性和防疫能力。

（1）营养性　人工乳的成分要和母乳相似，猪乳中脂肪丰富而蛋白质相对较少，是一种高能低蛋白的营养品。配制人工乳时，如以牛、羊乳为基础，需加入一定量的脂肪和糖，以提高其含热量。人工乳中粗蛋白质含量不宜过多，一般为16%~20%，更要注意质量，以保证仔猪所必需的氨基酸的供给。初生仔猪不能从土壤中获得矿物质、微量元素和维生素，所以在配制人工乳时，应力求齐全，使之接近天然乳水平。

（2）消化性　初生仔猪消化能力差，配制人工乳必须选用合适的原料，糖和脂肪原料应选用易被仔猪消化吸收的葡萄糖和猪油为宜。

(3) 适口性　人工乳如果适口性不好，仔猪不爱采食。因此，配制时应选择脱脂奶粉、大豆粉等仔猪喜食的原料或添加一定量的香味剂、糖精，以提高人工乳的适口性。

(4) 人工乳应具有预防疾病、促进发育的作用　仔猪不吃初乳，不能从中获得免疫抗体，需给仔猪补饲牛乳的初乳或母猪血清，并在人工乳中加入抗生素。母猪无乳时或小猪断乳前后，因环境、饲料及管理等因素的改变，小猪在刚断乳24小时内应激很大，几乎不吃，24~48小时也吃得很少，马上出现饥饿、无精打采、体弱、怕冷、不生长等一连串问题。此时使用人工乳可改善体力，缓解应激。

(二) 人工乳配方举例

1. 初生至10日龄仔猪适用人工乳配方举例（表3-2）

表3-2　初生至10日龄仔猪适用人工乳配方

项目	1	2	3
牛乳（毫升）	1 000	1 000	1 000
全脂奶粉（克）	50	100	200
葡萄糖（克）	20	20	20
鸡蛋（枚）	1	1	1
矿物质溶液（毫升）	5	5	5
维生素溶液（毫升）	5	5	5
营养成分			
干物质（%）	19.6	23.4	24.65
总能（兆焦）	4.48	5.65	5.23
消化能（兆焦）	4.017	4.77	5.19
粗蛋白（克/升）	56.0	62.6	62.3

上述3个人工乳配方适用于初生至10日龄的仔猪。配方中除鸡蛋、矿物质、维生素溶液外，用蒸气高温煮沸消毒，冷凉后加入前述营养物质。

2. 10~15日龄的仔猪适用人工乳配方

配方1：牛乳或羊乳1 000毫升，矿物质混合液5毫升，鸡蛋1

枚，猪油20克，葡萄糖20克，鱼肝油、复合维生素B、抗生素各适量。

配方2：牛乳或羊乳1 000毫升，鸡蛋50克，葡萄糖20克，琼脂5克，盐1.5克，矿物质、维生素、抗生素各适量。

以上两个配方，如把牛乳或羊乳改用奶粉，则可按1∶9的比例加水配成乳汁。所用矿物质混合液配方为：水1 000毫升，硫酸铜3.9克，氯化锰3.9克，碘化钾0.26克，硫酸亚铁50克。配制时，先将鸡蛋加入少量牛乳（羊乳、奶粉）中充分搅拌，并同时加入其他成分，搅匀后分装瓶中加塞，隔水加温至60~65℃ 1小时，连续3天，冷藏备用。

（三）人工乳的饲喂

人工乳中如没有抗生素，临用前需加入母猪血清20%，隔水加温至60℃半小时，分装入奶瓶，待凉至40℃时即可饲喂。

首先要教会仔猪吸吮乳头，以后可改为浅盆或槽自食。每日饲喂6~8次，可限量也可不限量，应防止过食引起消化道疾病。10~15日龄后可逐步加入米汤、面粉、鱼粉、豆饼粉、酵母粉等。20日龄后可全部改为植物性饲料。30日龄即可断乳，供给断乳仔猪料。

第四节　哺乳仔猪的教槽与补饲

一、教槽与教槽料的本质

（一）教槽与教槽料介绍

当前，关于哺乳仔猪是否需要教槽，怎么教槽等问题，各方有不同的观点。本书仅作简单介绍，供读者参考。

如果认为哺乳仔猪需要教槽，那么，引诱-适应-习惯-学会吃料-尽可能地多吃料，以锻炼乳仔猪的消化道，尽早适应固体和植物性饲料，避免断乳应激（拉稀、失重），是哺乳期对仔猪进行教槽的目的。同时在哺乳期教槽还有一个作用，就是使用教槽料给没有奶水的仔猪

提供营养，或产仔数多母乳不足时提供营养。因此不可武断地认为哺乳仔猪不需要教槽，也不能片面地认为哺乳仔猪教槽料只为教槽而备。

教槽料首要关注适口性是否良好，其次才是营养的全面性。所以要在保证适口性的同时兼顾营养的全面性。

如果母猪奶水充足，用稻谷煮粥饲喂就可以达到教槽目的。如果感觉煮粥麻烦，可以用稻谷或碎米用 1.2 毫米筛片粉碎二次熟化，用热水冲泡即可。可以选择两种方法饲喂：断乳前 5 天开始饲喂，在其中添加少量保育料，先稀后干，断乳后 5 天（第 10 天）过渡到正常吃保育料；或断乳开始饲喂，方法如前，10 天过渡，就能很好地解决仔猪教槽问题。

也可以仔猪在 3~5 天饮水时，在料盘水里面放置少许饲料，添加白糖。仔猪喝水的同时也吃进去饲料，每天 3 次，固定时间，诱食效果较好。仔猪日采食量分配：自分娩第 5 天起，每日每头 5 克，第 2 周每头每天 10 克，第 3 周每头每天 15~20 克。如果母猪奶水不好，可以加足量以仔猪吃净为准。前期教槽时水中再添加奶粉效果就会更好，乳香对仔猪有很强的诱食性。

如果奶水不足，就要考虑选用教槽料。

（二）正确评价教槽料

评价教槽料时应有科学的方法与态度，片面的评价某一方面功能是不科学的。评价教槽料一般看使用后，乳猪采食量、生长速度是否持续增加，腹泻率是否降低。通常在猪种与软硬件管理技术具备的条件下，教槽乳猪应表现喜欢吃、消化好（通过粪便的观察）、采食量大。尤其是教槽料结束过渡下一产品后的 1 周内，营养性腹泻率低于 20%；饲料转化率为 1.2 左右；日均增重 250 克以上；采食量日均为 300 克以上。对于猪场来讲，把解决猪场管理问题交给饲料企业，而饲料企业为了满足这些本不应该是自己的责任的要求时，只能在饲料中添加违规的添加剂或药物，以期能达到最大的利益，看起来猪场得到了一些现实利益，最终为高药物买单的还是猪场自己。所以对于养猪场来说，日常生产中还要做好生产记录，分析数据，不断发现问题、解决问题，不断提高猪场生产水平。特别是猪场产房的补料方式和补料结果，断乳后和保育舍的取暖方式等。

二、教槽料在选择和使用中常见的问题

1. 追求片面功能

教槽料是近几年来快速推广发展的产品，也是毛利较高的产品，大小饲料企业都在推广，部分生产厂家迫于市场推广压力，往往会满足技术不好的猪场对教槽料片面功能的追求。生产中，有些用户在选择教槽料时从感观闻到的腥味、乳香味、甜味等浓与淡来评价乳猪料好坏；也有人从外观看乳猪料的细腻程度、膨松程度、甚至颗粒大小等来判断教槽料的好坏，也有人从腹泻多少、饲料颜色的变化等来评价。猪场如不解决管理中的根本问题，仅希望通过调整营养配方来满足部分功能的话，往往解决不了根本问题。如有的教槽料靠高药物添加控制腹泻，往往腹泻控制了，但猪后期生长受到很大影响，同时猪对药物的敏感性也差了很多，为猪场发生疫病后的高死亡率埋下很大的隐患。更为严重的是有的猪场发生疫病后，甚至做药敏试验时找不到一个有效的抗生素可供使用。甚至有些企业违规使用原料来满足一些养猪者对教槽料片面认知的需求。

2. 不教槽或教槽不成功

教槽料的主要意义是让乳猪较早地接触到植物性饲料，从而让猪的消化道发育更充分，消化酶的变化更适应于消化饲料而不是乳汁，起到一个从乳到料的过渡作用，这个过渡的过程最好的时间是在断乳前进行。但是现在的一些猪场，断乳前很少使用教槽料或教槽不成功，21 天断乳的采食量远不足 525 克，28 天断乳的采食量更是连起码的 1 000 克都达不到，这样就使从乳到料的过渡时间延续到断乳以后，让猪在高的断乳应激过程中同时完成这一过渡，通常时间紧迫，让乳猪的适应过程和猪的生命竞赛（猪不吃，饲养员就饿它，直到它自己吃为止。在这种情况下，乳猪只有两种选择，一种是被饿死，另一种是吃饲料，虽然它明知自己的消化道还不适应这些东西，但它更清楚，自己的命更重要）；如果提供给乳猪的条件，特别是温度条件不能让猪更舒服地完成这一过渡，是很难让猪长得快而又不腹泻的。而现在的养殖场只是靠教槽料就想做到这些是不现实的，于是一

些饲料厂就违规违纪而大量使用药物，虽然猪的生长不是太好，但是最起码可以不腹泻，这在表观上满足了猪场的需求。即在不改变现在管理和硬件的前提下，靠药物让猪在腹泻、管理、硬件等方面达到了低水平的平衡，但是这种平衡是低水平的，并且有很多副作用。

3. 教槽料中大量使用药物带来的负面影响

首先药物带来的平衡是低水平的，是建立在低生长效果的基础上，特别是其对小肠绒毛的破坏是大家公认的，由此而带来的是后期的生长较慢，全程的经济效益受损。

其次是细菌的耐药性。药物保健就像是定时炸弹，表面上风平浪静，实质危机四伏。药物保健带来的负面影响，是把产房和保育舍变成了制造超级细菌的工厂。

三、教槽料的使用

教槽料怎样使用才能让仔猪在高生产水平上达到生长、环境、腹泻的平衡？

（一）教槽料的形态

液体饲料、粉料、破碎料、颗粒料各有其优缺点（表 3–3）。就颗粒大小而言，与大颗粒饲料（直径 3 毫米）相比，仔猪更容易采食小的颗粒饲料（直径 2 毫米）。从 17 日龄仔猪开始采食饲料以后，为了使采食量最大化，也要注意颗粒硬度：水分越低，硬度越大，仔猪越不愿意采食。因为仔猪的牙齿还没有完全发育好，更喜欢松软的小颗粒料。

表 3–3 教槽料不同形态的优缺点比较

	液体饲料	粉料	破碎料	颗粒料
优点	早采食，主动采食，可将所有的仔猪引诱到料槽，所有的仔猪都愿意吃	与颗粒料相比，诱导采食较早，即开口时间比较早	破碎料是由大颗粒破碎成的细颗粒（含部分粉料）。采食介于粉料和颗粒料之间。由于经过熟化甚至膨化处理，故比粉料消化更好，料肉比比粉料略高	水分适宜，松软的小颗粒料，比粉料和大颗粒破碎的饲料具有更高的采食量和料肉比

（续表）

	液体饲料	粉料	破碎料	颗粒料
缺点	容易变质，招惹苍蝇，需要经常更换，以保持新鲜。劳动强度大	难达到很大的采食量，必须同时喝大量的水，浪费比较大（表面看猪喜欢采食，实际大部分浪费掉），容易扬尘	比颗粒料脏	容易吃得太多，造成消化不良。如果颗粒太硬，则采食量很小

（二）教槽料的用量

理想的教槽料采食量可以估算，见表 3-4。

表 3-4　理想教槽料采食量的估算　（克）

日龄	采食量估算合计	小计		
10~14 天	约 50	350	600	1 000
15~21 天	约 300			
22~24 天	约 250			
25~27 天	约 400			

注：实际生产上能达到理想值的 70%，即认为是达到标准。

5~14 日龄：让仔猪闻其味道，以感受教槽料为目的，每天 5~25 克。

15~21 日龄：少量多餐，每次喂料都会刺激仔猪的采食好奇，喂料次数越多，提高采食量的效果越好。每天由 20 克渐增到 75 克。

22~28 日龄：真正采食教槽料的阶段，每日渐增用量到 150 克以上。

（三）教槽料的选择

1. 感官上的判断

目前在乳猪生产中使用的教槽料类型主要有颗粒、破碎、粉状和液态 4 种。在实际生产中最常见的教槽料是前 3 种。由于生产工艺的限制，颗粒料和破碎料做到最好，质量也只能处于中档料水平。到目前为止高端的教槽料产品还都是粉料。选择粉料的同时要看粉碎细度，粉碎得越细越好，更容易被小猪吸收利用。

2. 水溶性判断

极易溶于水，形成乳浊液的教槽料，适于乳猪的消化和营养吸收，可提高饲料消化率，进而提高乳猪采食量。可以取相同重量的教槽料置于相同体积的水中，搅拌均匀，分层越不明显、沉淀越少的质量越好。

3. 适口性判断

适口性好的教槽料，乳猪喜欢吃，采食量大，才可能有良好的日增重指标。可以取同样重量的教槽料两种，分别放到同样的两个料槽里，然后同时放到同一个猪栏里，观察小猪的采食情况。小猪爱吃哪个，说明哪个教槽料的适口性就好。

4. 选药物含量低的饲料

猪场应选择药物含量较低的饲料。这也符合农业农村部关于兽用抗菌药使用减量化行动的要求。过量添加抗菌药物，一旦发病将可能找不到有效的抗生素可用，让猪场多年的心血几天之内付之东流。

含药物较多的教槽料，一般哺乳仔猪腹泻发生率极低，特别是环境恶劣的情况下腹泻极少；个别或较多的猪出现粪球形大便，更有甚者粪球外观黑色，粪球内明显有未被消化的饲料颗粒。猪明显消化不好也不会出现腹泻，除了药物其他任何正常饲料都不可能做到。

5. 生长速度和料肉比判断

综合评价仔猪断乳后 10 天内的日增重和料肉比，日增重 250 克以上，料肉比 1.3 以下效果应该非常不错，可以选用。

6. 毛色和精神状态判断

仔猪断乳后皮红毛亮，活泼好动，爱亲近人，这样的教槽料效果应该很好，可以选择使用。

(四) 料槽的选择

料槽的选用对仔猪补饲效果和饲料浪费与否影响很大。料槽选择应随着仔猪身体的生长发育而改变，以既有利于引导仔猪采食，又不会造成饲料浪费，且保证有适宜的采食位置为原则。不宜自始至终使用一个型号的料槽。

（五）改善环境

改善猪场的硬件或软件措施，让猪生活得更舒服一些。

低抗生素的教槽料由于其抗生素较少，所以对环境的要求较高。应当在以下几个方面进行改善。

① 取暖方式：最好是热源在下面的取暖方式。

② 断乳后 2 周内猪舍温度应比断乳前高 2~3℃。

③ 产床、保温箱、保育床、电热板等硬件会让猪生活得更舒服一些，同时也会让猪减少与粪便的接触及饮用尿水等。

④ 前期的教槽很重要，断乳前的仔猪一定要吃到一定量的饲料。21 天超早期断乳，断乳前的采食量最少是 500 克；28 天早期断乳，断乳前的采食量最少是 1 500 克。

⑤ 产房饲养员的责任心、技术水平、人员管理、人力是否足够等方面对教槽是否成功至关重要，而教槽是否成功将会影响猪断乳应激、断乳后腹泻、断乳后生长速度、全程经济效益甚至是猪的一生。

⑥ 注意天气对断乳仔猪的影响，及时调控，减少天气变化对乳猪的影响。

（六）教槽补饲的方法

1. 自由采食

在仔猪经常出没的地方，在地板上（地面平养）或平板料槽（漏粪地板）撒上一些教槽料，让仔猪拱食、玩耍，或模仿母猪采食。每天多次撒料诱食。当仔猪了解教槽料的味道后，将教槽料放在浅的料槽中，让仔猪随意采食。料槽应固定好，以防仔猪拱翻。料槽中的饲料要少添勤添，保证饲料新鲜，防止饲料浪费。如果每头仔猪在断乳前累计采食了 600 克以上的教槽料，断乳后过渡就比较顺利。

2. 强制诱食

将教槽料用水调制成糊状，用汤匙或直接用手挑起糊状料涂抹到仔猪口腔中，任其吞食，同时在地面上撒少许同样的教槽料。反复进行 2~3 天后仔猪就会逐渐学会吃料。

3. 母猪引导

地面平养的哺乳母猪，可以在干净的地板上撒少许分散的教槽

料，让母猪引导仔猪采食。

4. 液体补料

将饲料泡成稀水料（水：料=1：2）添加少量奶粉或代乳料，用专用的补料盆固定在产床上让仔猪吮吸，诱导其采食，直到断乳过渡到保育期。或者从出生后第5天开始采用液体饲料，从第16天开始过渡到颗粒料。

5. 限制哺乳

在哺乳后期，将仔猪隔离，限制哺乳次数，人为减少其对母乳的依赖，强迫仔猪采食饲料。

四、乳猪腹泻问题

在生产中经常听到猪场抱怨饲料腹泻，其实腹泻的原因有多种，生产中对乳猪的腹泻要分析原因，不能片面强调教槽料或管理某一方面因素。应针对原因采取有效的综合管理措施，减少或避免腹泻的发生。

第五节　哺乳仔猪死亡的控制

实际生产中，哺乳仔猪的死亡率在猪场内是最高的。在正常生产状况下，死亡率可以差别很大，从1%~15%。而在母猪健康状况差或管理混乱的猪场，仔猪死亡率可能更高。当然，哺乳仔猪死亡的原因是多方面的，既有母猪的原因，又有仔猪的原因，但更多的是饲养管理的原因，应该分别采取相应的措施加以控制。

一、哺乳仔猪死亡的原因

（一）正常情况下哺乳仔猪死亡的原因

1. 外源性因素

（1）冻死　初生仔猪对寒冷环境非常敏感，虽然仔猪有糖原储备应付寒冷的能力，但由于其体内能源储备有限，调节体温的生理机能不完善，加上被毛稀少和皮下脂肪少等因素，寒冷气候使哺乳仔猪冻死、腹泻、病仔和弱仔的发生率等大大增加。在保温条件差的猪场，寒冷又是仔猪被压死、饿死和下痢的诱因。

（2）踩死和压死　母猪母性较差，或产后患病，猪舍环境不安静，导致母猪脾气暴躁，加上弱小仔猪不能及时躲开而被母猪压死或踩死。有时猪舍环境温度低，垫草太厚，仔猪躲在草堆里或是在母猪腹下躺卧，也容易被母猪压死或踩死。

（3）假死　仔猪出生后，不出现呼吸活动或只有微弱的呼吸，但心脏尚跳动，称为假死猪。其原因有母体子宫痉挛性收缩使胎盘血循环减弱或停止，引起胎儿血氧供应不足；分娩时胎儿排出受阻，脐带被挤压或缠绕断裂，过早停止血氧供应；仔猪呼吸道不通畅或堵塞而发生窒息；仔猪产出后，被母猪压迫其头颈及全身而致假死；冬季仔猪产出后，由于气温过低受冻致假死。

（4）饿死　母猪母性不佳，产后少奶或无奶，催乳措施不佳、乳头有损伤、产后食欲不振，所产仔猪数大于母猪乳头数，以及寄养不成功的仔猪等均可因饥饿而死亡。此外，仔猪太弱小也是导致仔猪饿死的原因。

（5）咬死　仔猪在某些应激条件下，如拥挤、空气质量不佳、光线过强、饲粮中缺乏某些营养物质等，会出现咬尾或咬耳等恶癖，导致发生细菌感染，严重者死亡；母性差（有恶癖）、产前严重营养不良，产后口渴烦躁的母猪有咬仔猪的现象；仔猪寄养时，保育母猪可能咬伤、咬死寄养仔猪。

（6）初生重小　初生重对仔猪死亡率也有重要影响，初生重不足1千克的仔猪，死亡率为44%～100%。仔猪死亡率随着初生重的增加而下降。

（7）应激　应激是指一切不利于仔猪生长的因素对仔猪产生的刺激。在养猪生产中主要的应激因素有气候骤变、更换饲料、饲养环境差、疾病等。

2. 疾病因素

（1）腹泻　由于仔猪腹泻的原因极多，其控制方案又不全相同，故控制腹泻是难点也是重点。仔猪初生时完全依靠母源抗体来提供其对传染性疾病的免疫力。因此，在出生后及时吃到初乳对仔猪的存活来说极为重要。10 日龄时，仔猪能产生自己的抗体，这会与仔猪体内的母源抗体发生重叠。因而，任何降低初乳摄入量的因素，如冷应激，都会使新生仔猪缺乏保护而易患病。出生先后顺序也会影响新生仔猪获取免疫球蛋白的量。由于免疫球蛋白在初乳中的含量在分娩开始后 6 小时内下降 50%，窝产仔数多时产程就会延长，这样就会使得出生晚的仔猪只能获得较少的母源抗体。

（2）水肿　仔猪水肿病是由溶血性大肠杆菌引起的一种断乳仔猪多发的急性肠毒血症。其特征为发病突然，病程短，头部和胃壁等部发生水肿。猪群中的感染率在 15%左右，而致死率可高达 90%以上。

（3）其他疾病　如大肠杆菌、沙门氏菌、梭菌等细菌感染，以及传染性胃肠炎病毒、流行性腹泻病毒、轮状病毒等病毒感染，球虫、蛔虫、钩端螺旋体等寄生虫感染。

3. 其他因素

（1）温度　仔猪出生后最重要的应激因素之一就是温度。仔猪由于不具有褐色脂肪组织，皮下脂肪极少且缺乏被毛，特别是在寒冷季节难以适应外界环境，因此，仔猪通常是靠近母猪取暖或利用人工生产的热源适应低温环境。如果没有适宜的外界温度环境，仔猪在低温环境中极易诱发疾病引起死亡。另外，在低温环境中仔猪会在母猪腹下寻找热源，易被母猪挤压死。如果将母猪的气味施放到保暖灯下，那么仔猪就会较多地被吸引到安全区内。

（2）营养　母猪充足的泌乳量是确保仔猪良好营养的关键因素，要确保母猪的充足泌乳量，首先必须确保母猪妊娠后期和泌乳早期充足的营养供给，特别是饲料日粮中脂肪含量的供给。随着窝产仔数的增加，就需要较多的泌乳量才能保证全窝仔猪的存活。增加泌乳量是增加仔猪养分摄取量的有效措施。为仔猪提供优质乳汁的另一个重要作用是提供一个能使母猪增加采食量的环境。环境应激和疾病应激都可降低母猪的采食量。热应激尤其能降低采食量。必须在满足仔猪保温的需要和为母猪提供较为凉爽的环境之间保持适当平衡。研究表明，增加乳汁中的脂肪含量，可以增加仔猪的能量摄入，从而增加仔猪体内的脂肪沉积量，达到提高仔猪抗寒的能力，对提高仔猪的成活率起到十分重要的作用。

（3）分娩　分娩是仔猪的存活率较为主要的影响因素之一。资料表明，平均每窝仔猪的死亡数为0.9头，这些死亡中大部分是由于死产，其余则为疾病或子宫内竞争造成的木乃伊胎。母猪分娩引起的仔猪死亡率往往随窝产仔数的增加而增加，在一定程度上是由于产程延长导致仔猪缺氧所致。缺氧分为两种情况，一种是仔猪严重缺氧，导致出生前死亡；另一种是仔猪轻微缺氧，导致仔猪出生后活动力下降，吃奶量减少，进而引起仔猪衰弱，最终因管理不当被母猪压死或因病死亡。

（4）脐带出血　在某些猪群中脐带出血引起的仔猪死亡率为0.2%~2.0%。为减少仔猪的死亡率，养殖户要做到在母猪分娩时不离人，做好各项准备工作，减少脐带出血的发生，同时可以保证仔猪找到母猪的乳头并能吃到足量的初乳。此外，将可能受压的仔猪放置在取暖灯下的安全地点，确保其不被冻死。保持猪舍环境清洁从而减少母猪和仔猪感染疾病的机会。

（5）设备条件　减少仔猪压死的早期措施是将母猪限制在小于传统圈舍的猪圈中。自从20世纪50年代广泛采用产仔笼后，挤压的发生率以及由此造成的仔猪死亡率大为降低。目前，已经进行了很多试验来研究母猪分娩期间的圈栏设计在减少仔猪死亡中的作用。产仔笼的设计可影响仔猪的死亡率，在比较宽的产仔笼中挤压的发生率高于狭窄的产仔笼。

正常情况下哺乳仔猪死亡原因见表3-5。

表3-5　正常情况下哺乳仔猪死亡的原因

死因	比例（%）	死因	比例（%）
压死踩死	44.8	腹泻	3.8
弱死	23.6	关节炎	1.7
饿死	10.6	湿疹	1.2
畸形	3.8	流感	0.7
咬死	1.1	其他	5.7
八字腿	3.0		

由表3-5可以看出，在断乳前的死亡率中，压死踩死、弱死、饿死的仔猪占总死亡率的79%。死亡的根本原因是管理的疏忽和不当所造成的，其中压死踩死的仔猪大部分是弱仔。真正由于传染病或感染死亡的比例却很低。

（二）哺乳仔猪死亡的时间

由表3-6可以看出，哺乳仔猪在出生后第1周内死亡率占总死亡率的76%，而头3天又占了第1周死亡数的70%，因此在头3天这一阶段饲养管理的首要任务是如何降低死亡率。饲养人员的责任心是第一位的，保持警惕性，经常巡视，及时发现问题，如果母猪听到仔猪惨叫声而无动于衷，很容易压死仔猪，反之，当母猪听到其他窝内的仔猪惨叫，虽然自己活动了，但没有停止叫声，这头母猪也就对惨叫无动于衷了。当然，断乳时间的长短与断乳前的死亡率也有关系，断乳时间越迟，死亡率可能越高。断乳前后为仔猪注射维生素C或其他抗应激的药物，饮水中添加电解多维或氨基维他，可有效降低应激反应的影响。而断乳后保温对缓解断乳应激也有显著的作用。

表3-6　哺乳仔猪死亡的时间分析

死亡时间	死亡率（%）
0天	24
1天	16
2天	13
3天	6
4天	7
5天	5
第1周	76
第2周	18
第3周	6

（三）仔猪初生重与死亡率的关系

由表3-7可以看出，初生重低的仔猪死亡率高，若体重低于0.75千克，死亡率可达70%以上，所以，保留体重极低的仔猪，将显著提高死亡率。主要原因是弱仔的体内各器官没有发育完善，活力低，没有能力获得足够的奶水，被饿死、压死的比例更高。尤其是这些仔猪的免疫系统发育不完全，容易发生腹泻和全身感染。

表3-7 仔猪初生重与死亡率的关系

初生重（千克）	头数	占总产仔数（%）	死亡率（%）
0.9	104	6.4	36.0
0.9~1.5	632	38.7	8.0
1.5~2.0	750	45.9	5.0
>2.0	147	9.0	0
总计	1 633	100	

（四）初生重对以后生长性能的影响

由表3-8可以看出，初生重越大，成活率越高，生长速度越快，但初生重太大的猪又容易引起难产，尤其是初产母猪。难产造成分娩时间延长，仔猪在产道内停留时间长，导致缺氧，活力低。而弱仔没有能力吃奶，对母猪乳腺的刺激不足，又加重了仔猪的饥饿。

表3-8 仔猪初生重对其后生产性能的影响

初生重（千克）	至90千克体重的时间（天）
<1.0	159.7
1.0~1.2	150.9
1.3~1.5	144.0
1.6~1.8	139.4
1.9~2.1	134.4

二、控制哺乳仔猪死亡的措施

仔猪断乳前死亡对养猪业的经济损失较为严重。哺乳仔猪是猪最脆弱的生命阶段，仔猪越小死亡率越高。因此，提高哺乳仔猪的综合饲养管理水平，是减少哺乳仔猪死亡的关键。

（一）提高仔猪初生重

1. 选择体型较大的种猪

选择体型较大的种猪，并适当推迟后备母猪的配种时间（如在第 2 或第 3 次发情时配种）。体型大的母猪产仔数多，初生重一般较大，而且泌乳量高，母猪使用寿命延长。

2. 加强饲养管理

调整母猪的采食量，妊娠前期采食量不宜过高，一般 1.8～2.2 千克/天，可根据环境温度的变化和饲料营养浓度适当调节。寒冷季节要提高饲料的营养浓度，或者提高饲喂量，而炎热季节可适当降低，但要避免母猪肥胖。提高妊娠后期（妊娠 90～107 天）母猪的采食量，一般为 3～3.5 千克/天，但不能增加得太多，否则会造成母猪过肥，引起胎儿过大导致难产。配种后的头 2 天尽量少喂，以保证顺利受精和受精卵着床。注意，妊娠前期采食量高或体况偏肥，可导致哺乳期采食量下降。

3. 合理免疫和用药程序

切实做好猪瘟、伪狂犬病、细小病毒病、乙型脑炎、蓝耳病等病毒性疾病的免疫接种，降低母猪的感染率和子宫内感染的比例。因为在木乃伊胎、死胎或弱仔多的窝内，通常母猪的健康状况不好，而且生后仔猪的成活率低。大部分细菌是通过母猪传播给仔猪的，因此，在产前产后一段时间内饲料中添加特定的药物如支原净、强力霉素组合，可有效抑制母猪向环境中排放细菌。但加药时需要考虑母猪的采食量，保证每头母猪能够得到足够的药物。也可以在产前、产后注射长效抗生素。

（二）做好产房饲养管理

1. 改善产房环境

全进全出的猪场一定要严格冲洗和消毒，最好等干燥 3 天后才能进下一批猪，以保证消毒的效果。临分娩时提前开启保温设施，以保证新生仔猪的舒适。潮湿的环境容易引起仔猪腹泻，检查饮水器是否漏水，以免使地面太潮湿。母猪的最适温度为 18~22℃，超过 26℃，每升高 1℃，每天采食量降低 200 克左右，因而，夏季应注意降温。新猪场或新铸铁地板要求光滑，不能有毛刺，以免损伤关节处的皮肤。

2. 调整产仔时间

合理使用氯前列烯醇和催产素，调整产仔时间到白天，特别是夏天，以利于饲养人员的管理。方法是在妊娠第 112~113 天凌晨颈部肌内注射氯前列烯醇 2 毫升/头，最好在阴户周边注射。注射氯前列烯醇后，可能需要经 24 小时左右分娩。市场上的此类产品比较多，质量也差别很大，需要仔细选购。在出生 4~5 头仔猪后，可以根据分娩的实际情况注射催产素，加快分娩速度。催产素剂量不能太大，一般每次 20 单位，没有开始分娩则不能注射，以免宫颈口不开张，而子宫收缩力太强，胎儿容易窒息、死亡。产后注射催产素可以促进子宫内恶露的排出，减少子宫炎发生的机会。也可在产后注射氯前列烯醇，除能促进恶露的排出外，还可促进泌乳。

3. 保证合理营养

要保证饲料合理的营养水平，防止母猪分娩体力不足，尤其是钙的补充。能量不足和缺钙都可降低子宫的收缩力，造成产程延长、泌乳障碍。夏季的产程一般比其他季节的长，会消耗母猪更多的能量，而且仔猪活力低。补充氯化钾、硫酸镁和硫酸钠以达到离子平衡，缓解热应激。有机铬是缓解热应激很好的微量元素，每吨料中补充 0.2 克铬即具有显著的效果。当然，还有很多产品具有缓解应激的作用，可通过试验选用。油脂（如豆油）代谢产生的热量低，而且在采食量低的时候可有效补充能量。霉菌毒素对所有猪都有影响，有时母猪不表现任何症状，但可见仔猪八字腿、弱仔、外阴红肿等，大部分与

饲料中霉菌毒素超标有直接关系。因而，需要使用合格的饲料原料，并在加工生产配合饲料时，尽可能选择好的霉菌毒素吸附剂，添加足够的量。

4. 确保足够、清洁的饮水

夏季一般猪场水压力低，造成饮水量不足，导致采食量低。水管埋在地下可保持温度，不致水发烫，有利于为母猪降温。

5. 防止母猪便秘

母猪便秘可造成子宫炎、乳房炎的发病率升高，原因是大肠内有大量的细菌内毒素，便秘母猪肠道蠕动缓慢，很容易吸收这些毒素进入血液，诱发炎症反应。此外，这些毒素具有靶向作用，引起乳腺炎并干扰催乳激素的产生和作用，降低泌乳量。可适当提高粗纤维的浓度，或饲料中添加适量芒硝等物质，促进粪便排出。

（三）加强分娩管理

1. 实行接生制度

及时断脐、防止冻死、压死、踩死、弱死、饿死等。用柔软的纸或毛巾擦干仔猪体表的液体，或用密斯陀或其他吸湿粉擦干，减少体热的散失。断脐不能太长也不能太短，直接用手指掐断，断口用消毒药消毒后放入保温箱。体重低于 0.75 千克的仔猪不计活仔。及时抢救假死仔猪，可进行人工呼吸或将假死猪浸泡在 35～40℃ 温水中（露出口鼻）保温。

2. 合理寄养

弱小仔猪吃奶能力弱，或够不到比较高的乳头，需要调整到合适的母猪代养。最好在分娩后 24 小时内完成寄养，寄养前吃到足够的初乳，没有能力吃的可以挤到奶瓶或碗里喂。

3. 为仔猪提供一个温暖、干燥、无贼风的安全生活区

母猪的后躯潮湿、常有贼风，需要开启保温灯或电热板，诱导仔猪在保温箱内休息，远离母猪，以免被压死。

4. 固定乳头，尽早吃足初乳

初乳的营养有别于常乳，除了营养浓度高外，还含有与母猪血清

中效价相近的免疫球蛋白和镁盐，排出胎粪，获得被动抗病力。一般在出生后 2 小时就要让每头仔猪都吃到足够的初乳。仔猪有吃固定乳头的习性，为使窝仔猪均匀健壮，提高成活率，在出生后 2~3 天，要进行人工辅助固定乳头。

（四）哺乳仔猪的饲养管理

1. 剪牙断尾

出生 24 小时内剪犬齿和尾巴，防止咬母猪乳头、咬尾和互相咬架，影响哺乳和猪的安全。剪牙工具必须锋利，而且要严格消毒，防止交叉感染。剪牙时要特别仔细，以免损伤牙龈或者留下尖锐的牙刺，造成黏膜损伤。断尾最好用电烙铁，温度应保证伤口能够止血和结痂，以免感染。

2. 防止病从口入

仔猪出生 3 天内，每次吃奶前用 0.01%的高锰酸钾温水溶液或聚维酮碘溶液擦洗、按摩母猪的乳房、后躯，一则防止母猪乳房炎，二则预防仔猪黄、白痢。

3. 补铁、补料、防腹泻

（1）及时补铁，防贫血　一般在仔猪出生 3 天内每头注射 100~200 毫克右旋糖酐铁；对生长较快的仔猪，或者腹泻严重的猪在 10 日龄前后应考虑第 2 次注射。

（2）及时补水　仔猪出生 3~5 日龄后就可在补饲间设饮水槽，补给清洁饮水，并稍加甜味剂，防止仔猪口渴时，没有清水，就喝脏水或尿，引起下痢。

（3）及时补料　补料的目的主要是促进仔猪胃肠道发育，解除仔猪牙床发痒，降低断乳后吃料的应激。一般在 7 日龄开始补料，方法是在干燥清洁的木板上撒少许乳猪颗粒料，让其强制吃料 3~4 天，当仔猪开始采食乳猪料时，便可采用料槽。补料时，要尽量少添勤添，一般每天喂 5~6 次，防止饲料浪费；每天要把剩余部分舍弃，料槽清洗消毒后再用。

（4）防腹泻　在 3~5 日龄前后口服百球清或其他抗球虫药，可有效预防球虫性腹泻或混合感染造成的腹泻，减轻白痢发生的程度。

4. 过好断乳关

母猪泌乳在 3 周达到高峰，然后逐渐下降，这时单靠母乳不能完全满足仔猪快速生长的需要。而仔猪在补料 10~15 天后可完全采食乳猪料，因此必须利用这一有利时机促使仔猪大量采食，从而弥补母乳的不足，降低断乳应激。

（1）选择好的教槽料　营养浓度高且平衡、适口性和消化性好的乳猪教槽料，饲喂量逐渐增加，以免造成浪费和粪尿污染，并尽快适应肠胃功能，也能加大采食量。

（2）降低应激反应的影响　断乳时，避开疫苗注射、转群、阉割等应激因素。可在母猪转走后留养几天，但存在母猪传播疾病的风险。

总之，哺乳仔猪是猪场饲养的难点，将母猪饲养好，使其保持良好的健康状态，可以产出更多合乎标准的健仔，并注意哺乳母猪的采食管理，保证奶水的充足。为仔猪提供良好的环境条件，保温、干燥、无贼风是产房环境管理的基本要求。细心管理决定了哺乳仔猪的成活率，严格按照操作规范操作是取得成功的关键。

第四章　断乳仔猪的精细化饲养管理

哺乳仔猪从断乳到60~75日龄的猪称为断乳仔猪，又叫保育猪，它是继哺乳仔猪后的又一重要阶段。保育期内仔猪的增重和健康状况，对其后期的发育将会产生极其重要的影响。断乳后1周内仔猪负增长的个体，要比日增重100~150克的个体延迟10~15天上市。这个阶段饲养管理的目标是：过好哺乳仔猪断乳关，降低断乳应激，控制腹泻，保证仔猪的健康与增重，提高仔猪育成率和生长速度。

目前在断乳仔猪饲养管理上存在的主要问题是：断乳后产生应激综合征，表现为仔猪腹泻，拒食，生长停滞（甚至负增长），出现僵猪，甚至死亡。

第一节　仔猪断乳时间选择

一、断乳时间

探索仔猪断乳的最佳时间，可以从以下两个方面进行。

（一）从断乳日龄、母猪的生产力、断乳到发情的间隔、受胎率以及窝产仔数等5个方面来考虑

1. 不同的断乳日龄

一旦在设定的目标日龄做出断乳决定，那么这会自动地决定猪场的猪舍需求。较晚断乳的猪群理所当然地比较早期断乳的猪群需要更多的产床。同时，断乳日龄的改变意味着对母猪饲喂方案的影响。研究表明：较低的断乳日龄会较少地消耗母猪背膘的储存，并且可以降

低每头母猪每个生产周期的饲料消耗。

在仔猪饲料投入方面，也需要慎重考虑。如采取 18~22 日龄断乳的猪群可能需要高成本、高质量的保育舍，因用于加热和通风的能量投入较大，这需要极高水平的管理和饲养环境。另一个极端是，采用 5~6 周龄断乳的猪场将仅仅需要极为基础的半集约型大群饲养生产系统，并且这可能包括廉价的稻草运动场和自然通风的猪舍。一些国家采用这种方式，如瑞典、瑞士和丹麦，这种极晚的断乳系统非常普遍。仔猪的饲料投入也将取决于断乳日龄。18~21 日龄早期断乳的仔猪需要极高质量的营养方案，以维持肠道健康。而在 30 日龄断乳的仔猪可以直接饲喂养分密度较低的开食料。

2. 母猪的生产力

早在 20 世纪 70 年代，母猪养殖户将仔猪断乳提前至 3 周龄的主要原因之一是为了获得较高的母猪生产力。对早期断乳来说这是一个巨大的动力。

3. 断乳到发情的间隔

断乳到发情期的间隔通常预期为 4~6 天，但实际变化极大。在这一点上，较晚断乳的猪场差异较小，且较高比例的母猪在断乳后第 4~5 天出现第 1 次发情。当将断乳日龄提早至 21 天时则会出现较大的变动，大部分母猪在断乳后第 7 天出现第 1 次发情；而采取超早期断乳时，第 1 次发情时间会再次出现更大的变动性。

4. 受胎率

首次配种即能怀孕的能力也是母猪管理的一个重要指标。证据表明断乳日龄对这方面有影响。能够对每头母猪每年最终的仔猪产量有重要影响的较早断乳，明显还存在繁殖成本的原因。

5. 窝产仔数

对任何一家猪育种公司来说，窝产活仔数是其效益的最大决定因素之一，并且这也受断乳日龄的深远影响。研究表明，在 21~25 天到 35 天及更大年龄的范围内，断乳日龄对窝产仔数几乎没有影响；断乳日龄低于 21~25 天，窝产仔数急剧下降，并且这种影响的程度相当大。

（二）从母猪生理特点及提高母猪利用强度、仔猪生理特点和饲养管理角度考虑

1. 从母猪的生理特点及提高母猪利用强度考虑，仔猪的断乳日龄越小，母猪的利用强度越大

（1）增加母猪年产的胎数　早期断乳是提高母猪生产力和利用率的有效技术方案，缩短母猪的产仔间隔，减少哺乳母猪的体耗，增加母猪年产胎次和年产仔数，实现母猪年产 2.3~2.4 胎，每年可多提供断乳仔猪 3~5 头。母猪断乳时膘情较好，易发情，缩短了断乳至再配种的间隔，同时延长了母猪的利用年限。

（2）节约母猪饲料费用　节省饲料，提高饲料利用率。仔猪早期断乳后可直接利用饲料，比通过母猪吃料仔猪吃乳的效率高 1 倍左右。饲料中能量每转化 1 次，就要损失 20%，仔猪吃料的利用率为 50%~60%；而通过母乳的利用率只有 20%。同时由于母猪年生产力提高，可少饲养母猪，会节省大量饲料。

（3）减少母仔间疫病、寄生虫病的传播，完全控制仔猪营养，促进仔猪的生长发育。

现在根据各厂的条件、设备、规模有差异，一般断乳天数为 21~35 天不等，所以要打破以往的传统观念，利用创新技术来提高母猪的利用率，是猪场发展的一项大事。

2. 从仔猪生理特点考虑

当体重达到 5 千克以上或 28~35 日龄时，仔猪已利用了母猪泌乳量的 60%以上，自身的免疫能力也逐步增强，仔猪已能通过饲料获得满足自身需要的营养。

3. 从饲养管理角度考虑

仔猪的断乳日龄越早或断乳体重越小，要求的饲养管理条件越高，在仔猪 28~35 日龄时所需的饲养管理条件和饲养技术已和 56 日龄仔猪相近，只要在饲养管理技术上尤其是饲料条件上稍加完善，即可实行 28~35 日龄断乳，最迟不宜超过 42 日龄，但饲养管理措施一定要跟上。

综上所述，仔猪 60 日龄断乳属于自然断乳，因为 60 日龄后母猪

分泌的乳汁已经很少了。35~40日龄为断乳比较好的时期，因为此时母猪正处于泌乳减少阶段，仔猪已不能靠乳汁饱腹，而仔猪已可以吃料，胃肠机能能逐渐适应，并且有利于母猪身体恢复，再次发情、配种。35日龄前断乳为仔猪早期断乳，即科学断乳。养猪业比较先进的国家都已采用21~28日龄断乳，以21日龄断乳为多。早期断乳已成为提高母猪年生产力的一个重要途径。母猪应是仔猪的生产者，而不应是作为仔猪营养的供给者，较先进国家已把对母猪的遗传选择重点从泌乳力转向繁殖力。

仔猪出生3周后初步具备了从饲料中获得营养物质的能力。此时母猪的泌乳量达到高峰，以后开始逐渐下降，而仔猪营养需要量逐日升高，单纯依靠母乳难以满足仔猪生长发育的营养需要。仔猪在3周龄断乳，从理论上分析是可行的，而且在很多先进的养猪场均已顺利实现。但是对一般猪场而言，仔猪3周龄时体重尚小，平均体重也就5千克左右，有些仔猪体重甚至只有或达不到4千克；而且3周龄的仔猪大部分还不会主动采食固体饲料。在此时断乳，对仔猪应激很大，容易出现腹泻、消瘦，甚至死亡。而到了4周龄以后，仔猪平均体重能达到或超过6.5千克，通过诱食和调教，都能主动采食颗粒饲料，此时再断乳，对仔猪的应激就小了很多。

在我国，目前总的趋势是认为早期断乳，可采用21日龄、25日龄或28日龄断乳，但仔猪体重应超过5千克，日采食量在25克以上。一般猪场可采用35日龄断乳。此时仔猪所需营养的50%左右来自饲料，体重超过7.5千克，日采食饲料已达200克以上。条件较差的猪场，断乳时间也不应晚于42日龄。但往往21日龄断乳（或更早的时间）因管理和营养等措施跟不上，在提高母猪产仔数和生产经济效益方面并没有从中受益，反而出现了母猪发情时间间隔延长、受胎率和产仔数降低等问题。

二、仔猪早期断乳的好处

仔猪实行早期断乳，不仅可行，而且对促进全窝仔猪均匀生长，提高断乳成活率，保持泌乳母猪良好膘情，缩短空怀期，增加繁殖指数等均有显著成效。主要表现在以下几个方面。

（一）早期断乳缩短了母猪的泌乳期，减少母猪体重损失，使母猪能获得良好体质

仔猪断乳后，母猪不再经过复膘阶段，可及早发情和提高受胎率。通常母猪年产 2 胎，母猪的繁殖周期包括断乳至配种的空怀期（3~8 天）、妊娠期（114 天）和泌乳期（14~60 天），一个繁殖周期最长 183 天。除了妊娠期是基本不变的外，空怀期和泌乳期是可变的。仔猪早期断乳可以缩短母猪的泌乳期，从而缩短母猪的繁殖周期，增加年产仔窝数，提高母猪的利用强度。假定仔猪 30 日龄断乳，一个繁殖周期只需 153 天，即妊娠 114 天、泌乳 30 天、发情配种 7 天，每年可产 2. 3~2. 4 胎。若仔猪 3 周龄断乳，母猪繁殖周期为 141 天，一头母猪一年就可产 2. 5 窝；而如果 8 周龄才断乳，母猪繁殖周期为 174 天左右，母猪的年产窝数只有 2. 1 窝。

（二）早期断乳仔猪在 50~60 日龄离栏转群时大小匀称、食欲旺盛

由于哺乳母猪泌乳量一般在 25 日龄后日趋下降，由于母猪受多种因素影响，如乳头发育不良、泌乳不匀、乳汁不足或哺乳仔猪头数较多、母猪泌乳后期泌乳量缺乏等，往往使部分仔猪在 5 周龄后的生长发育明显滞缓，随之出现严重馋奶、不爱吃料、时患腹泻等现象，整日在母猪身边吊奶奔跑，不得安息，最后成为奶吃不到、料吃不饱、休息又不好的“三头空”乳僵猪。

（三）早期断乳可使仔猪直接利用饲料营养，仔猪直接摄取饲料，使饲料直接转化成体重

仔猪哺乳期间饲料的转化是由料⟶乳⟶体重，经过 2 次转化，饲料利用率只有 20%~30%，断乳后变成料⟶体重，减少了一次转化，饲料利用率可提高到 50%~60%，大大提高了饲料利用率。此外，早期断乳有利于仔猪胃肠消化功能的提高，促进全期生长发育，尤其在 3~4 月龄时其生长速度可超过 60 日龄断乳猪，对全期饲料转化率的提高能起到较大作用。30 日龄与 60 日龄断乳相比，每千克增重节省饲料 31%~39%。

（四）早期断乳的仔猪开食早，对饲料有较强的适应能力

这对缩短育肥期有重要影响。断乳时，根据仔猪对营养的需求配制全价营养日粮，可使仔猪生长均匀，较少弱猪、僵猪的出现比例。

（五）由于缩短了母猪泌乳期和断乳后的再次转情期，可减少母猪饲料消耗

一年内仔猪 3 周龄断乳的母猪比 8 周龄断乳的母猪少吃 200 千克以上的饲料。提早断乳可使饲料消耗大为减少。尽管提早断乳的仔猪需要多吃饲料，但这比养母猪生下来的饲料少得多。实践证明，仔猪 3 周龄断乳饲养到 20 千克所需饲料加母猪所用饲料，与仔猪 6 周龄断乳饲养到体重 20 千克所需饲料加母猪所用饲料相比，可节约 20%~25%的饲料用量。

（六）提高分娩栏舍及设备的利用率

仔猪提前断乳，由于哺乳期短，分娩栏舍的周转快，利用率高；同时，由于分娩舍的建筑、设备和生产运行（电力）费用，在养猪生产全过程中所占比例最大，提高其利用率，亦即降低了每生产一头猪分摊的生产基础设施费用。

三、仔猪断乳的方法

（一）仔猪断乳前的准备工作

仔猪在断乳后，一般会产生短时间生长发育停滞现象，为缓解和纠正仔猪生长发育停滞，增加断乳体重及体脂的蓄积量是行之有效的办法。为了确保仔猪健康、达到理想断乳体重、顺利完成由母乳哺育到独立生活的过渡，断乳前应做好以下准备工作。

1. 加强母猪妊娠后期的管理，增加仔猪初生体重

力争达到 1.3~1.5 千克，起码要在 1 千克以上。低于 1 千克的仔猪被认为没有饲养价值，其育成率只有 60%左右，断乳体重要低 20%~30%，育肥效果也不理想。

2. 提高母猪泌乳能力，补充油脂添加饲料

一般从分娩前 10 天开始使用，可以提高乳脂率和泌乳量，减轻

哺乳期体重损失，使断乳后尽快发情，同时对提高仔猪初生体重，增强生活力和抗病力均有良好影响。

3. 加强仔猪出生后护理，确保仔猪健康，生长发育正常

在哺乳期，仔猪的死亡多在头1个月内，集中发生在头1周内，死亡的原因主要是冻死、压死、踩死、饿死、肺炎和下痢。因此，一定要认真做好合理固定奶头、早吃初乳、补铁等技术措施。

4. 严格卫生消毒制度

科学预防投药，防止肺炎、下痢等疾病的发生。

5. 哺乳母猪的饲养是仔猪育成的关键

重点在30日龄以前。要根据饲养标准配制良好的全价饲料，并给以优质青绿饲料作补充。饲料的给量要根据仔猪的头数、生长发育情况、母猪的营养状态确定。一般情况下，母猪本身维持需要在2千克左右，哺乳一头仔猪需要0.4千克，由分娩时的2.5~3.0千克逐渐增加到哺乳后期的6~7千克，每天喂3~4次。母猪分娩后饮水量明显增加，16~20日可达日饮25~26升水的高峰，因此要满足清洁饮水的供应，饮水器给水量要大，使母猪每分钟可饮水2升以上，并满足仔猪随时饮水。饮水不足或不清洁，会使泌乳量减少，乳脂过浓，使仔猪难以消化吸收，引起下痢或其他疾病。

6. 仔猪提早开食，锻炼胃肠机能，减少对母乳的依赖，顺利适应早期断乳关

仔猪生后5~7天，活动显著增加，开始啃咬硬物和拱掘地面，应该看作是觅食的先兆；7~10日龄开始出牙，齿根发痒，频频出现咀嚼动作，要不失时机地诱导其采食饲料。有的国家和猪场3日龄就开始用人工乳给仔猪补饲，一般猪场可在5~7日龄进行补饲，开始使用的饲料要有良好的适口性，如炒大豆粉、玉米、脱脂粉等，猪喜甜食，可加入10%的蔗糖，饲料颗粒大小要适度，以有利于仔猪辨认和从地上拣起为好。切碎的青绿多汁果菜，是开食的好饲料。补料的初始训练很重要，可采取人工嘴内抹食、母猪带食、大仔猪带小仔猪、设立专门补料栏等方法，应由有经验的饲养人员具体分管。据试验证明，从7日龄开始补料，30日龄采食量可达0.24千克，60日龄

体重可达 15 千克以上；14 日龄补料，30 日龄采食量只有 0.18 千克，60 日龄体重达 14 千克。提前 1 周补料，采食量可提高 30.56%，而且仔猪下痢、寄生虫等疾病明显减少。

（二）断乳的方法

断乳前 3~5 天，若母猪膘情好，应适当减少精料和青绿饲料的给量，并控制饮水，以利母猪“回奶”，尽量避免母猪乳房炎的发生，如果母猪膘情不好，则不必减料，可适当控制青绿饲料的给量和饮水量即可，以免母猪过分消瘦，影响断乳后的发情与配种。

1. 一次断乳法

又叫果断断乳法。农村养猪常采取一次断乳法，即哺乳达 60 日龄时，断乳将母猪和仔猪分开。适用于乳房已回缩、泌乳量较少的母猪；采取赶走母猪，仔猪在原舍内饲养 7~10 天的方法。可减少仔猪的应激反应，有利于断乳适应和今后的生长发育，总体效果最好。

母猪哺乳时间长，断乳突然，仔猪容易出现抢食、过饱、腹泻等，不利于生长发育。仔猪易因食物及环境的突然改变而引起消化不良、起居不安等，生长会受到一定程度的影响，绝大多数都有失重的表现。同时，也容易使母乳比较充足的母猪乳房胀痛、不安，甚至引发乳房炎。因此，这种方法于母于仔均有不利影响。但该方法简单，工作量小。为减少母猪发生乳房炎的可能性，使用依次断乳法时，应于断乳前 3 天左右，减少母猪精料、青饲料和水的供给量，以降低泌乳量，同时应加强对母猪及仔猪的护理。

2. 分批断乳法

又叫先强后弱断乳法。根据仔猪体质强弱、体重大小、采食情况、用途区别等情况区别对待，分批对仔猪陆续断乳。一般地，那些体质强壮、体重较大、食欲旺盛、拟用作育肥用的仔猪先行断乳，而那些体质较差、个体体重较小、食欲差或拟留作种用的仔猪稍后断乳，适当延长哺乳期，以促进其发育。先断乳仔猪所留的空乳头，应让所留下的仔猪吸食，以免母猪发生乳房炎。

此法有利于弱小仔猪的成活和生长发育，使整窝仔猪都能正常生长发育，兼顾弱小仔猪和拟留作种用的仔猪，避免出现僵猪和均匀度差等情况；适用于母猪奶旺仔猪发育不太整齐的情况。缺点是断乳期长。

3. 逐渐断乳

又叫安全断乳法。一般在仔猪预定断乳日期前4~6天，把母猪赶到另外的猪舍或运动场与仔猪隔开，然后每天定时放回原圈，其哺乳次数逐日减少，让仔猪慢慢习惯离乳。如，第1天哺乳4~5次，第2天3~4次，第3天2~3次，第4天1~2次，第5天母仔断然分开。这种方法可以避免仔猪和母猪遭受偶然断乳的刺激应激，适用于母猪泌乳量较大的情况，尽管工作量较大，但对母仔都有利。所以，一般养猪场都能接受这种断乳法。

5日断乳法，即断乳的第1天哺乳5次，第2天哺乳4次，第3天哺乳3次，第4天哺乳2次，第5天哺乳1次。前4天夜间母仔同居，第5天夜间母仔分居，赶走母猪，母仔不再见面，仔猪留在原圈饲养。

断乳期要注意减少母猪饲喂量和饲喂次数，如乳房过涨，还要人工挤乳，以防止母猪发生乳房炎。

4. 间隔断乳法

仔猪达到断乳日龄（45~60日龄）后，白天将仔猪留在原圈饲养，把母猪赶到别的圈饲养，让仔猪独立采食。晚上母仔同栏，让仔猪吸食部分乳汁。这样，仔猪既不会因环境改变而惊惶不安，影响生长发育，又可达到断乳的目的，母猪也很少发生乳房炎。

第二节　断乳仔猪的营养需要和饲料配制

哺乳仔猪处在快速生长发育阶段，一方面对营养需求大，另一方面消化器官功能还不十分完善。断乳后，营养源由母乳过渡到饲料，母乳中可完全消化吸收的乳脂、蛋白质等都由饲料中的淀粉、植物蛋白等所代替，并且饲料中还含有相当数量的粗纤维。仔猪对饲料的不适应是造成仔猪腹泻的主要原因之一。仔猪断乳时的日龄越小，抵抗力越差，消化功能越弱，发生腹泻的概率越高。要使早期断乳获得成功，必须根据仔猪消化生理的特点和营养需要，保证供给易于消化和营养全价的饲粮，以满足早期断乳仔猪的营养需求，提高养猪效益。

一、断乳仔猪的营养需要

（一）能量需要

由于仔猪体内贮存的脂肪少，供应能量有限，加之断乳的应激反应，导致采食量下降，使之能量缺乏。为克服这些不利因素，须给予高能量日粮。根据我国现行瘦肉型仔猪（体重 3~20 千克）营养需要，每 1 千克饲粮消化能推荐水平为：3~8 千克体重阶段为 14.02 兆焦；8~20 千克体重阶段为 13.60 兆焦。

（二）蛋白质需要

我国现行瘦肉型猪饲养标准仔猪（体重 3~20 千克）粗蛋白质的推荐量为：体重 3~8 千克，为 21.0%；体重 8~20 千克，为 19.0%。美国 NRC（1998）在玉米-豆粕型饲粮基础上，仔猪粗蛋白质推荐水平分别为：体重 3~5 千克，为 26.0%；体重 5~10 千克，为 23.7%；体重 10~20 千克，为 20.9%。

日粮中不仅须保证饲粮的蛋白质水平，而且要重视氨基酸的平衡供应。我国瘦肉型猪不同体重阶段仔猪（3~20 千克）赖氨酸的需要量分别为：体重 3~8 千克，为 1.42%；体重 8~20 千克，位 1.16%。隔离式早期断乳仔猪的赖氨酸需要量为 1.65%~1.80%。其他各种氨基酸要与赖氨酸保持适当比例，这样才能获得最佳的生产性能。

早期断乳仔猪的理想蛋白质模式与成年猪不同。但断乳使主要的谷氨酸来源被切断，必须由外源补充。有试验表明，在 21 日龄断乳仔猪玉米-豆粕型饲粮中添加 1.0%谷氨酸，提高了断乳后第 2 周的饲料效率。

（三）矿物质需要

美国 NRC（1998）和我国猪饲养标准均列出 12 种矿物质元素的推荐量。根据我国瘦肉型猪饲养标准，分别列出体重在 3~8 千克和 8~20 千克仔猪的各种矿物质元素推荐量，其中钙相应为 0.88%和

0.74%，总磷分别为0.74%和0.58%。而肉脂型营养需要则分别列出5~8千克和8~15千克仔猪的各种矿物质元素推荐量。

（四）维生素需要

有研究表明，美国NRC（1998）对B族维生素（核黄素、尼克酸、泛酸和维生素B_{12}）的推荐量不能满足早期断乳仔猪发挥最大生长性能的需要。有人认为须提高叶酸需要量；也有人认为，大剂量维生素无助于提高猪生长性能。

（五）水的需要

水质和水流影响饮水量，进而影响采食量以及生产性能。推荐保育阶段仔猪乳头饮水器的最小流量是570毫升/分钟。

二、断乳仔猪的日粮组成

合理配制日粮是养好断乳仔猪的关键之一。为使营养尽可能完善，适口性好，易于消化吸收，有利于仔猪健康和生长，应特别注意饲料的选择。

（一）对蛋白质饲料的选择

要考虑蛋白质的消化率、氨基酸平衡、适口性以及免疫球蛋白含量是否丰富等。为满足断乳仔猪的高氨基酸需要量，须利用多种蛋白质饲料原料。常用的蛋白质有脱脂奶粉、喷雾干燥猪血浆、乳清蛋白粉、鱼粉、喷雾干燥血粉、豆粕以及深加工大豆产品（如大豆浓缩蛋白、大豆分离蛋白等）。

1. 喷雾干燥血浆粉

喷雾干燥血浆粉在可消化吸收率、氨基酸组成、降解产生小肽的速度方面都具有明显的优势，被认为是断乳仔猪唯一的必需蛋白质饲料原料。猪血浆产品提高生产性能的机制可能有二：一是喷雾干燥血浆含有22%的免疫球蛋白，可为仔猪提供外源免疫球蛋白，从而提高生长性能；二是作为风味剂。与其他蛋白源相比，喷雾干燥猪血浆可明显提高断乳仔猪采食量。但由于同源性疾病存在的可能性，对这类原料的使用要慎重。另外，价格昂贵，供应不够稳定，也影响了其使用的正常化，并且用量要达到3%才有显著效果。

2. 大豆类制品

大豆类制品是目前最丰富的蛋白质饲料来源，然而因其加工工艺不同，乳仔猪饲料中豆制品蛋白的可选择性较多，膨化大豆、豆粕、大豆分离蛋白、大豆浓缩蛋白、发酵豆粕等均是非常好的蛋白质饲料原料。

3. 乳源蛋白

断乳仔猪的饲粮中需要简单的碳水化合物，如乳糖、乳清粉、寡聚糖等。一般作为饲料蛋白来源的主要是高蛋白含量的乳清粉和乳清浓缩蛋白，它的消化率和氨基酸组成仅次于喷雾干燥血浆粉。像淀粉这种复杂的碳水化合物很少被利用。乳清粉的用量一般为：体重2.2~2.5千克仔猪为15%~30%；5~7千克仔猪为10%~20%；7.0~11.0千克仔猪为10%。断乳仔猪饲粮中应用乳清粉的好处在于，它除了乳糖外，还提供了以乳球蛋白质为主的蛋白质。乳糖价格比乳清粉便宜，也可用于断乳仔猪饲粮，一般推荐量为：体重2.2~5.0千克仔猪为18%~25%；5.0~7.0千克仔猪为15%~20%；7.0~11.0千克仔猪为10%。

如果单纯以蛋白质含量计算，乳清粉和乳清浓缩蛋白的价格不低于喷雾干燥血浆粉。现在多用作人类食用，供应量也相对有限，所以目前还无法在饲料中广泛使用。

脱脂奶粉也被认为是早期断乳仔猪饲粮中必需的蛋白质，因为它能为仔猪提供高质量的蛋白质和乳糖。

4. 肠绒蛋白

肠绒蛋白也是断乳仔猪蛋白质的优质来源，与血浆蛋白粉合用效果更好。肠绒蛋白不仅提供优质蛋白，还可以防止断乳应激伤害断乳仔猪肠黏膜。同样，出于同源性疾病的考虑，使用时也要小心谨慎。目前只有从美国进口的可以用，价格也偏高，难以全面推广。

5. 鱼粉

鱼粉也是被广泛应用的高级蛋白质饲料原料，使用时要检测新鲜度，鉴别掺假程度及检测理化指标。由于鱼粉品质比较难控制，建议用量控制在2%以下。

(二) 能量饲料的选择

1. 玉米

玉米品质要求无发霉现象，破碎粒少，最好使用50%左右（占所用玉米总量）的膨化玉米，但不能使用太多，否则容易黏嘴（对颗粒料而言)，进而影响适口性。膨化玉米目前缺乏统一标准，但只要糊化率达到88%以上就可以符合要求。玉米破碎粒度直径为2毫米即可，1毫米以下的破碎粒不要超过20%。也可使用不超过10%的小麦，可不用另加小麦酶制剂。

2. 乳清粉、乳糖、蔗糖

乳清粉、乳糖、蔗糖是断乳仔猪饲料的优质能量来源。乳清粉中虽然乳源蛋白的作用很好，但乳源蛋白的作用没有乳糖重要，所以使用乳清粉的真正作用还是使用了乳糖。蔗糖不仅可以提供能量，还可以改善适口性，断乳仔猪对蔗糖有偏爱，其效果优于糖精钠制品。在使用这些原料时要经调制混匀，这些原料属于热敏性原料，容易焦化，对猪的适口性有负面影响。

3. 油脂

断乳仔猪饲粮中添加油脂的目的在于增加饲粮能量浓度。但研究表明，断乳后第1周添加油脂的效果不明显，因断乳后胰脏和消化道内脂肪酶的活性较断乳前降低30%~60%，从而限制了脂肪的利用；但添加油脂使断乳后5周内日增重和饲料利用率得到显著提高。仔猪断乳后第1周，对含不饱和脂肪酸较高的植物油比动物油脂有更高的消化率，断乳第4周则对二者的消化率差异不大。一般来说，仔猪能很好地利用椰子油、乳脂和猪油脂肪，豆油和玉米油次之，牛油的效果最差。

但是，椰子油成本较高，大豆油是比较实惠的选择。在使用一定量的膨化大豆后，可不用油脂。使用油脂时，也要检测品质，杂质、水分、碘价、酸价、过氧化值等均是检测指标。

（三）饲料添加剂的选择

1. 酸化剂

早期断乳仔猪饲料中添加酸化剂的好处：一是酸含激活消化酶，促进饲料在胃中消化；二是减低胃液 pH，抑制病菌的生长，促进有益菌种的繁殖，减少抗菌药用量，预防腹泻，提高饲料转化效率。具体可用以下几种酸化剂。

（1）柠檬酸　添加量为 10~20 克/千克日粮，促进仔猪生长效果明显。

（2）延胡索酸　可改善仔猪日龄的适口性，减少仔猪腹泻发病率和死亡率，添加水平为 10~20 克/千克日粮。

（3）甲酸钙　添加量占日粮的 1%~1.5%，可减少仔猪下痢，提高饲料转化率和仔猪的生长速度。

（4）乳酸　添加量为日粮的 1%。为增加日粮的酸化效果，多将 0.5%的柠檬酸与 0.5%的乳酸混合成有机酸复合物添加到仔猪日粮中。实践证明，较单纯添加这两种酸，添加上述有机酸复合物能较大幅度的降低仔猪胃内 pH，维护消化道最适酸化环境。

2. 抗生素

仔猪断乳时，母体抗体供应停止，同时断乳应激导致仔猪免疫力下降，极易下痢。常用的预防仔猪下痢和促生长的药物有土霉素、金霉素、盐霉素、抗菌肽等（注意，喹乙醇、阿散酸即氨苯胂酸、洛克沙胂等 3 种兽药作为药物饲料添加剂已被禁止使用在食品动物上）。抗生素可单用也可合用。使用抗生素时，为避免产生抗药性和耐药性，多种抗生素药轮换使用。但是，根据农业农村部关于兽用抗菌药使用减量化行动的要求，尽量少添加，逐步过渡到不添加。

3. 调味剂

仔猪断乳前采食的是液态、奶油香味的母乳，断乳后仔猪完全采食颗粒饲料。因此必须在饲料中添加仔猪所嗜好的甜味、乳香味和鲜味类调味剂。断乳仔猪料中添加调味剂的好处：一是诱食；二是掩盖饲料中的药味及某些原料如鱼粉、酵母粉、饼类等的不适味道，从而改善饲料的适口性，增加饲料的母乳香味，提高采食量；三是刺激唾液和酶分泌，培养仔猪早期对固体饲料的味觉嗜好；四是较强且久的乳香型可提高产品的质量档次，增强市场竞争力。添加量以占日粮的0.05%的乳香素效果较好。

4. 酶制剂

仔猪在4周龄断乳时，各种消化酶（胃蛋白酶、胰淀粉酶、胰蛋白酶、脂肪酶和糜蛋白酶）活性急剧下降，需2周才能恢复到断乳前的水平。为帮助消化，有必要添加酶制剂。由于断乳仔猪料制粒温度不会高于80℃，很多的酶制剂都可以使用。复合酶的效果优于单一品种的酶制剂（植酸酶除外）。

5. 高铜高锌添加剂

使用高铜时，不要使用高锌；相反，使用高锌时，也不需要高铜。高铜高锌的剂量忌用过高，否则会造成环境污染和畜产品污染，引发公共卫生事件。

三、断乳仔猪饲料配方

我国国情把猪分为：出生到断乳即1.5~8千克，为哺乳期阶段；断乳到保育结束即8~25千克，为保育阶段；25~50千克为小猪阶段；50~75千克为中猪阶段；75千克以上为大猪阶段。

哺乳期阶段使用人工乳和母猪哺乳，以及配合教槽料来让其适应固体饲料，为将来断乳做准备；教槽料或人工乳一般建议从大牌厂家购买，不建议自己生产，且一般是生产不了的，例如里面都会使用到乳清粉、膨化大豆、熟制玉米或豆粕以及特殊添加剂，一般养殖场没有这个条件；保育阶段用保育仔猪料，小规模养殖场也建议从大牌厂家购买，不建议自己生产，大规模养殖场可以自己生产；小猪料、中猪料、大猪料基本上可以自己生产，但随着社会分工的发展，将来一定会形成专业厂家生产全价饲料，养殖场专司养殖，不生产饲料的格局。

（一）断乳仔猪保育料的特点

哺乳仔猪从断乳到60~75日龄的猪称为断乳仔猪（保育猪），早期断乳仔猪日龄更小（30~60日龄）。保育猪肠绒毛尚未发育完全，消化系统比较脆弱，消化机能弱，抵抗力差，特别值得一提的是，刚断乳的仔猪由于刚离开母猪，仍然处于断乳和离母的应激状态，对外界环境变化非常敏感，很容易得病，又是处于从液体母乳转化到固体饲料的过程，所以，必须加强管理并慢慢过渡（一般是先由教槽料掺保育料，加温水调糊，再慢慢改为全部用保育料，并减少加水量，最终喂全干料，绝对不能操之过急）。

因此，作为理想的保育料，必须具备如下条件：原料品质新鲜；营养全面；适口性好；易消化（如使用标准化的原料，如豆粕、玉米粉、鱼粉、大豆、乳清粉、植物油、血浆蛋白、小麦、蔗糖、奶粉等，尽量不使用非标原料）；体积小（麦麸薯干等不宜多用）；粗纤维适量（不多）；预处理，有条件的还需要对部分原料进行适当处理（如熟化熟制、膨化、挤压、汽蒸等预处理）；适当添加生物制剂，以帮助消化和提高非特异性免疫力，类似的添加剂如益生素、酶制剂等产品；另外还有酸化剂、香味剂、多维、氨基酸、黄芪多糖等，大多数情况下，会在预混料中添加这些东西。如果不能做到上述的条件，可能会导致早期断乳失败。

（二）断乳仔猪配方实例

下面介绍几个适合 8～25 千克保育猪使用的保育饲料配方，供参考。

1. 全国断乳仔猪配方协作试验中的统一配方

无霉黄玉米（12%水分）62%、低尿酶豆粕（粗蛋白 44%）25%、低盐进口鱼粉（粗蛋白 60%）6%、食用油 3%、赖氨酸 1%、磷酸氢钙 1.7%、食盐 0.3%、预混料 1%。

此配方日粮的营养成分为：消化能 1 380.72 千焦/千克、粗蛋白质 19.5%、赖氨酸 1.1%。预混料中含有铁、铜、锌、锰、碘、硒和抗菌肽，在日粮中的含量为铁 150 毫克/千克、铜 125 毫克/千克、锌 130 毫克/千克、锰 5 毫克/千克、碘 0.14 毫克/千克、硒 0.3 毫克/千克。另外，每 100 千克日粮可再加多种维生素 10 克。

2. 美国的仔猪 3 阶段饲养体系

断乳仔猪 3 阶段饲粮组成如下。

（1）第一阶段（体重7.0千克）颗粒料　蛋白质20%~22%、赖氨酸1.5%、脂肪4%~6%、乳清粉20%~25%、喷雾猪血浆粉6%~8%、喷雾血粉0~3%、铜（毫克/千克）190~260、维生素E（单位/吨）40 000、硒（毫克/千克）0.3。此阶段喂40%的乳产品，饲料中的赖氨酸含量为1.5%，料型为颗粒料；这里的颗粒料即是我们常说的教槽料。

（2）第二阶段（体重7~11千克）颗粒料或粉料　蛋白质18%~20%、赖氨酸1.4%、脂肪3%~5%、乳清粉10%~20%、喷雾血粉23%、铜（毫克/千克）190~260、维生素E（单位/吨）40 000、硒（毫克/千克）0.3。此阶段采用谷物-豆饼型日粮，含有一定的乳清粉和一些高质量的蛋白饲料，如喷雾干燥血粉或浓缩大豆蛋白，饲料中的赖氨酸含量为1.25%。

配方举例如下。

配方一：玉米粉68%、膨化豆粕18%、喷雾干燥血粉3%、鱼粉3%、乳清粉2.5%、蔗糖1.5%、磷酸氢钙1%、预混料1.45%、豆油0.5%、赖氨酸0.25%、食盐0.3%、沸石粉0.5%。

此配方的营养水平为：消化能13.81兆焦/千克（3.3兆卡/千克）、粗蛋白18%、总赖氨酸1.31%、可消化赖氨酸1.20%、总蛋氨酸0.37%、总苏氨酸0.88%、钙0.90%、总磷0.58%、有效磷0.41%。

配方二：玉米粉64%、膨化豆粕22%、鱼粉5%、乳清粉5%、豆油0.9%、赖氨酸0.3%、蛋氨酸0.15%、石粉0.4%、磷酸氢钙0.8%、食盐0.3%、氯化胆碱0.15%、预混料1%。

此配方的营养水平为：消化能13.4兆焦/千克（3.3兆卡/千克）、粗蛋白20%、总赖氨酸1.35%、总蛋氨酸0.5%、钙0.90%、总磷0.7%、有效磷0.41%。

（3）第三阶段（体重11~23千克）粉料　蛋白质18%、赖氨酸1.25%、脂肪2%~3%、铜（毫克/千克）190~260、维生素E（单位/吨）40 000、硒（毫克/千克）0.3。此阶段可采用谷物-豆饼型日粮，饲料中的赖氨酸含量为1.10%。基本上慢慢地可以掺入一部分小猪饲料了。

第三节 断乳仔猪的精细化饲养管理

断乳仔猪处于强烈的生长发育阶段，各组织器官还需进一步发育，机能尚需进一步完善，特别是消化器官更突出。饲养管理工作稍有疏忽，就会出现断乳仔猪腹泻、掉膘、减重、体质变差、生长发育受阻，甚至变成僵猪、死亡，严重影响后备种猪培育和肥猪育肥。因此，抓好断乳仔猪的精细化饲养管理，是养猪生产中至关重要的环节。

仔猪保育阶段管理的目标是让断奶仔猪平稳度过困难的断乳期，并保持稳定的生长速度。在保育期间，增重应稳步增加且死亡率很低。断奶仔猪在断奶后的生长潜能较高，但许多因素会影响这种潜能的发挥。具体影响断奶仔猪性能和死亡率的因素：断奶日龄、体重、营养、健康控制、环境、饲养员等。

一、断乳仔猪的生长潜力

不要期望仔猪在断乳前和断乳后会保持相同的生长速度。哺乳仔猪日增重可达 250~300 克。断乳前使用母乳替换料的仔猪，日增重可达 356 克/天。

仔猪 18 日龄断奶后生产性能与断奶重的关系见表 4-1。

表 4-1 仔猪 18 日龄断奶后生产性能与断奶重的关系

项目	断乳时的体重			
	最轻的	较轻的	较重的	最重的
断乳仔猪数	107	114	115	114
断乳重（千克）	3.87	4.60	5.19	6.14
4 周龄体重（千克）	8.61	9.87	10.74	12.55
日增重（克）	176	196	207	239
死亡率（%）	4.60	4.30	3.40	0
日采食量（克）	276	294	300	335
料肉比（FCE）	1.8	1.6	1.53	1.42

从表中可以看出，断奶时体重较小的仔猪有以下特点：较高的死亡率、较少的采食量、较低的日增重、较差的料肉比。

二、“两维持，三过渡”的饲养管理制度

仔猪断乳后 7~14 天内，由于生活条件的突然改变往往焦躁不安，食欲不振，增重速度缓慢，甚至体重减轻或患病，尤其是哺乳期开食晚，补料少的仔猪表现更为明显。为了养好断乳仔猪，过好断乳关，要做到饲料、饲养制度及生活环境的“两维持，三过渡”，即维持在原圈管理和维持原哺乳期饲料，并逐渐做好饲料、饲养制度及环境的过渡。

1. 维持原圈

仔猪断乳后 1~3 天很不安定，经常嘶叫并寻找母猪，夜间更重。为了减轻仔猪断乳后因失掉母乳和母仔共居环境而引起的不安，应将母猪调出另圈饲养。仔猪断乳后也不应立即混群，以免仔猪受到断乳、混群的双重刺激。

2. 维持原料

维持原哺乳期饲料于断乳后 15~21 天内，仔猪饲料配方必须保持与哺乳期补料配方相同，以免突然改变饲料降低仔猪食欲，引起胃肠不适和消化机能紊乱。

3. 饲料过渡

仔猪断乳后，要保持原来的饲料半个月内不变，以免影响食欲和引起疾病，以后逐渐改变饲料。断乳仔猪正处于身体迅速发育的生长阶段，需要高蛋白质、高能量和含有丰富的维生素、矿物质的日粮，应限制含粗纤维过多的饲料，注意补充添加剂。

4. 饲养制度过渡

仔猪断乳后半个月内，每天饲喂的次数比哺乳期多 1~2 次。这主要是加喂夜餐，以免仔猪因饥饿而不安。每次喂量不宜过多，以七八成为度，使仔猪保持旺盛的食欲。

5. 环境过渡

仔猪断乳的最初几天，常表现出精神不安、鸣叫，寻找母猪。为

了减轻仔猪的不安，最好将仔猪留在原圈，也不要混群并窝。到断乳半个月后，仔猪的表现基本稳定时，再调圈并窝。在调圈分群时，要根据性别、个体大小、吃食快慢等进行分群。应让断乳仔猪在圈外保持比较充分的运动时间，圈内也应清洁、干燥、冬暖夏凉，并进行固定地点排泄的调教。

三、断乳仔猪的精细化饲养管理

（一）保育舍进猪

1. 做好常规维修

每次空栏后，应彻底检查保育舍的维修问题。地板、隔板、料槽、饮水器、加热器、垂帘、风扇等都应仔细检查并给以适当维修。断奶猪特别具有破坏力，故还应仔细检查维修保育舍的辅助设施。

2. 保育舍进猪

断奶对猪的一生来讲，是非常严重的应激阶段，因此要建立一套理想的操作规程以减少问题的出现。

（1）保育舍的准备　维修料槽、饮水器和保育栏；检查加热器、风扇、窗和照明状况；根据第一阶段的饲料来调节料箱；检查饲料的流量及开关；调整饮水器高度；确保药物处理到位；设定猪舍最小通风率；设定房间温度并提前 8 小时预热房间。

（2）保育舍进猪　确定断奶仔猪头数，制订每圈的进猪计划；减少抓猪次数以减少应激；轻轻卸猪；按体重和性别分类。正常断奶时 25%的猪较大、50%的猪中等、25%的猪较小，每圈的头数就要考虑这些因素；把最小的猪安排在最暖和的特别看护圈；留 1~2 个空栏备用；若有必要，启动饮水加药器；再次检查所有饮水器；猪只经历运输，应升高房间温度；再次检查料箱的调节装置，在料箱或小型移动式料槽中加入少量饲料。

前 2 天猪限制喂食，直到大量饮水和休息后；清点头数并完成记录；打开昏暗的灯光；不要在保育舍内存放饲料；多花一些时间给较弱的仔猪。

(二) 饲喂

断奶仔猪对饲料的消化能力对于提高采食量和日增重非常重要，同时，可以减少消化疾病、医药费用及死亡率。提供大量非乳源性养分的饲料会引起部分消化而在消化道中出现未被吸收的饲料，这就给有害菌群提供了生存繁殖机会而明显地改变肠道菌群平衡。这种变化常常导致肠道损伤，进而降低消化酶的水平和消化吸收能力。因此，选择能被尚未发育完善的消化系统消化吸收的饲料就显得至关重要。

1. 饲喂方式

断乳仔猪的饲喂分为两种方式，一是人工饲喂，二是自由采食。

(1) 人工饲喂　需要根据料槽内是否有剩料及其量的多少来决定。具体做法是，在饲喂前先看料槽内饲料的量，如果槽内仅有一点碎料末，没有成小堆的粉料或颗粒饲料，说明上次喂料量适中；如果看到同槽内被舔得干净湿润，说明上次喂料量不足，本次应增加投料数量；如果槽中有剩料，说明上次喂量太多，本次应减量，将剩料清除。在此阶段做到少喂勤添，一昼夜喂 6~8 次。此方法在保育后期仔猪采食量增加后，工作量有所增加，同时饲料浪费现象也比较严重。

(2) 自由采食　获取仔猪的最大生长速度，我们一般都采用自由采食。需要根据仔猪的日龄及采食量的增加调整料箱出料口径的大小，满足仔猪的采食需求，以获得最佳的饲料转化效率。同时也可减少饲料的浪费。

当仔猪进入保育舍后，先用原哺乳料饲喂 1 周左右，以减少饲料变化引起应激，然后逐步过渡。突然变换饲料会暂时降低采食量，应逐渐变换饲料使猪只有一个逐渐适应的过程，大多数生产者在变换饲料时采用 4~5 天的适应期。以 4 天换料为例，第 1 天，喂哺乳料 75%+断乳料 25%；第 2 天，喂哺乳料 50%+断乳料 50%；第 3 天，喂哺乳料 25%+断乳料 75%；第 4 天，全部换成断乳料。

(3) 转群至 3 天的饲喂

① 饲喂。自由采食箱饲喂仔猪往往都是利用小猪拱转料筒或者出料口的挡杆，而使饲料掉在料盘里面，从而达到采食的目的。注意

一点，在产房仔猪补料时，都是采用人工添加饲料，这样仔猪很容易就获取了饲料。而自由采食后，小猪刚开始不会去拱料筒或者是出料口的挡杆。这样就需要饲养员进行引导，当仔猪转入后需要人工去转动料筒或者挡杆。刚开始时，饲料不能加得太多，一是浪费，二是料加多后仔猪难以转动料筒。也可以采用人工饲喂的方式进行，等仔猪适应后，再进行自由采食。

② 水。仔猪转入保育舍时，饲养员需要对饮水器进行放水。具体做法是用手压住鸭嘴式饮水器的挡杆。该工作的意义在于，放掉饮水器内集留的脏水和引导仔猪去饮水，同时也可以检查饮水器是否工作正常。在水里需要添加营养性物质，持续 3 天。为了降低应激，该工作在产房断乳前 3 天就需要进行。

2. 过渡料的使用

通常以为，断乳仔猪越小、体重越轻，对好的过渡料的需求就越高。

① 找到一种优异的过渡料并坚持使用下去。

② 重视饲料和制品的库存周期，尤其是夏天天气炎热的时分，最好每天问询一次。

③ 饲料新鲜度。若向猪只投放大量的饲料，则新鲜度和接受能力会降低。当料槽中装满饲料，仔猪会流出大量唾液使饲料结块，而被猪只拒食并很快霉变。另外，猪只咬碎饲料后只吃其中的颗粒料，而剩下粉料，同样会出现拒食和霉变。少给勤添克服了许多新鲜度的问题，但料槽设计、饲料存放和管理同样会影响新鲜度和采食量。猪场的养殖大棚内过渡料不要寄存时间太长，一般不超过 14 天。要小批量订货，存储在干燥阴凉的地方。

④ 供应充足清洁的水而且让仔猪容易喝到，对仔猪充足采食过渡料很重要，仔猪采食饲料后会口渴，假如饮水妥当还会增加采食量，并且不会产生消化不良反应。掌握电解质溶液的使用窍门，在饲料和饮水中添加效果也会不错。

⑤ 饲料形态。仔猪要从已经习惯的液体乳汁改变为固体饲料，因此断奶后饲料的形态就很重要。试验表明，仔猪喜欢采食粉料、小而软的颗粒料，而不愿意采食大而硬的颗粒料。然而粉料的浪费大，

若采用干喂，应该采用2毫米的柔软颗粒料。当断奶日龄下降时，饲料的形态就更加重要，饲喂粥状粉料可提高饲料采食25%。该技术适用于所有的猪只。

（三）饮水

饮水器的数量、类型、位置和流量都会影响保育舍猪只的饮水和采食量。在断奶仔猪逐渐适应陌生环境时，饮水不足危害很大。保证充足饮水非常重要。鸭嘴式和滴水式饮水器正被广泛使用。

小猪更喜欢鸭嘴式饮水器，每10头猪应有1个饮水器。饮水器的高度应根据7千克和25/30千克仔猪的需要来调节，否则饮水器应按下述要求来安装。若发现脱水问题（初期临床症状为双眼深陷、耷拉耳朵、嗜睡等），要及时提供更多的饮水，如装满水槽或增加电解质溶液。然后更换饮水器的类型，使之便于使用。

保育舍猪只供水状况见表4-2。

表4-2 保育舍猪只供水状况

猪只种类	升/天	90°高度	45°高度	升/分钟
保育舍5千克		275	300	0.5~0.8
保育舍7千克		300	350	0.5~0.8
保育舍15千克		350	450	0.8~1.2
保育舍20千克	1.0	400	500	0.8~1.2
保育舍30千克	3.4	450	550	0.8~1.2

（四）分群与调教

1. 分群

断乳仔猪到达保育舍后要合理分群，需要对仔猪按照性别、体重大小进行分群。合理的分群可使仔猪间的竞争处于平等，减少因不平等的竞争而造成弱仔猪的出现，提高仔猪均匀度。10天后，对于栏里个别较弱的仔猪还需要进行调栏。在分群时，可对该批次较弱的仔猪放在该保育舍中间的栏位，这样可让它们处在温度比较稳定的环境，利于生长。

在分群方式上，种猪场与商品场会有所差异，但都会使用药物保健来降低转群应激。种猪场按猪只品种分群，如杜洛克、大白、长白等；再按公母分开；最后通过肉眼观察猪只大小，把最大的和最小的猪都挑出来，还有中等大小的仔猪。将弱仔、残次猪、病猪单独放在护理栏或病猪栏内特殊照顾。转入保育舍后会记录其转入日期、仔猪总数、免疫情况等。如果仔猪吃料，只是吃得较少，可在湿拌料中添加多维来降低断乳仔猪转群应激；不吃料的话，就通过饮水方式添加。

商品场则只根据仔猪大小、体质强弱来分群。仔猪按体重差异分群，每一栋产房对应一栋保育舍；如果可以的话，将产房同一窝的仔猪放在保育舍的同一栏，每一栏差不过 20 多头猪。经过 1 周的分群饲养后，如果出现弱仔会进行再次调栏。

为了确保分群效果，要经常对小群进行检查，遵循下面保育舍的检查日程。

① 要巡视所有的猪舍和观察每头小猪。不要打扰它们。检查者开关门和走路要轻。

② 有意识触摸猪的鼻子，让猪接触靠近人，使它习惯人员的出现。如果猪很容易惊吓，就应该将音响打开，留在猪舍，让它们习惯不同的声音。

③ 观察每只圈中不正常的行为。仔猪必须是吃、喝，或者是休息。如果仔猪挤在一起，说明室温太低了。如果它们都是侧躺，同时又很分散，室温可能太高。观察争斗的早期行为，其他不良行为和疾病，特别是下痢。

④ 观察仔猪是否有好奇心并且精神状态良好。健康的猪一般见到人都很好奇，会主动来接近人。

⑤ 检查猪舍内温度计的最高和最低温度，以及一天温度波动情况。

⑥ 观察每头猪。检查人应该是从上方向下看时，小猪应是肚圆，背宽。同时小猪身上必须干净。

⑦ 经常观察猪只大便情况，粪便必须是成型的。

⑧ 发现任何有病的猪应立即做上记号并搬走。

2. 调教

新断乳转群的仔猪吃食、卧位、饮水、排泄区尚未形成固定位置，所以，要加强调教训练，使其形成理想的睡卧和排泄区。这样既可保持栏内卫生，又便于清扫，对于日后的饲养管理带来很大的好处就是工作量的减少。仔猪培育栏最好是长方形（便于训练分区），在中间走道一端设自动食槽，另一端安装自动饮水器，靠近食槽一侧为睡卧区，另一侧为排泄区。训练的方法是：排泄区的粪便暂不清扫，诱导仔猪来排泄。其他区的粪便及时清除干净。当仔猪活动时对不到指定地点排泄的仔猪用小棍轰赶并加以训斥。当仔猪睡卧时，可定时哄赶到固定区排泄，经过一周的训练，可建立起定点卧睡和排泄的条件反射。

3. 设铁环玩具

刚断乳仔猪常出现咬尾和吮吸耳朵、包皮等现象，原因主要是刚断乳的仔猪企图继续吮乳造成的。当然，也有因饲料营养不全、饲养密度过大、通风不良应激所引起。防止的办法是在改善饲养管理条件的同时为仔猪设立玩具，分散注意力。玩具有放在栏内的玩具球和悬在空中的铁环链两种，球易被弄脏不卫生，最好每栏悬挂两条由铁环连成的铁链，高度以仔猪抑头能咬到为宜。这不仅可预防仔猪咬尾等恶癖的发生，也满足了仔猪好动玩要的需求。

（五）防疫保健

1. 防疫

仔猪 60 日龄注射猪瘟、猪丹毒、猪肺疫和仔猪副伤寒等疫苗，并在转群前驱除内外寄生虫。

2. 保健

在转群前打一针盐酸头孢噻呋注射液进行保健，然后在转群的前 3 天在饲料中添加维生素，3 天之后做仔猪呼吸道疾病的保健。仔猪进入保育舍后的第 1 周有个饲料的过渡期，避免营养应激。夏季会在转群前后 4 天添加维生素减少应激；冬季则可以使用中兽药进行保健，如黄芪提取物、板蓝根等，避免仔猪转群应激引起感冒。

3. 清洁和消毒程序

保育舍管理成功的关键是完善的卫生程序。为断奶仔猪提供干净而无菌的环境，有助于减少保育舍猪只被致病微生物侵袭。假如断奶仔猪断奶时首先面临的是上批猪所遗留下的致病菌，要达到理想的生产性能是非常困难的。当猪圈和猪舍腾空后，应进行彻底的浸泡、冲洗和消毒等程序，包括天花板、风扇、通道的出入口和常用的圈舍设施设备。

应仔细清洗料槽和饮水器，由于断奶仔猪必须适应新的饮水方式，因此断奶后的水质是极其重要的。在空栏后应对整个供水系统按产房所推荐的方法进行水线的清洗消毒。

清洗和消毒以后，保育舍应在进猪前彻底干燥和空栏。

断奶前，保育舍的温度应尽可能达到理想的设置，进猪后房间温度应快速维持稳定。

4. 注意药品的保存和使用

要保证治疗效果，生产者应正确使用和适当保存药品。使用和保存药品时应仔细阅读标签，按说明来储存和使用药品；向兽医请教有关注意事项，如使用方法和剂量；用不熟悉的药品时，仔细阅读包装箱内的说明书；不要注射有应激和生病的猪；牢记清洁卫生是养猪的根本。注射疫苗要用干净针头、针管，并消毒颈部注射区。

生产者应经常与兽医讨论有关特定病，及其最有效的医疗方法。制定猪群健康计划和程序，包括兽医有规律地巡视，这将有助于生产者控制疾病和保证生产正常。

（六）日常记录

保育舍的记录非常简单且意义重大，可以计算出每批猪的日增重、料肉比、饲料成本、日增重、用水量、能源消耗、医药费用等。这些信息有助于更进一步地提高保育舍的生产性能。每周都应记录以下信息。

1. 转入、转出头数及存栏头数

每次转入、转出猪只时都要抽样称重，若猪的耳刺有出生日期则要辨认记录，要通过日增重、不同日龄的体重、饲料转化率等信息来监督保育舍的性能。

2. 死亡记录

猪死亡日期、数量，死亡时重量，怀疑死亡原因。

3. 饲料记录

记录饲料使用情况，以便计算饲料转化率和日采食量。

4. 治疗记录

所有的治疗措施，包括治疗日期、治疗猪的数量、圈号、药物和治疗结果。

通过生长速度、饲料转化率和饲料成本来定期监控生产效益和生产性能，因此有必要在转出或转入猪只时选择体重适中的猪只称重，并记录饲料消耗。这些资料应每周记录，并以3个月为基础计算平均数的变化情况。

5. 特殊照料情况

记录所有接受特殊照料的小猪号、年龄、体重、日期和照料方法。

（七）对保育舍弱猪的处理

刚断奶的猪采食量很少，因而表现出与病猪受伤或不活泼猪同样有吸收不良的特征。然而它们必须作为日常健康检查的一部分来区分，因为这是一群独特的断奶猪，需要早识别和特殊照顾。下面是刚断奶猪可能发现的吸收不良特征。

1. 表现

皮肤暗淡或苍白并缺乏光泽、肋腹凹陷（特别是前腿后面），猪可能下痢（前3天正常）。

2. 行为

猪无精打采，与同窝猪相比反应慢，很少活动；表现出没有食欲，玩饮水器而不喝水；弓背站立、发抖、远离猪群。

3. 弱猪的护理

① 根据标准给弱猪做记号；② 把做记号的猪转入特殊照顾栏内；

③ 给这些猪注射科特壮（复方布他磷注射液）；④ 给这些猪每天喂 4 次湿拌料，每次 1 小时后清理料槽使其干燥，每天的第 4 次料混合一些电解质液；⑤ 对于脱水和关节肿大的猪只进行静脉输液。基本药方如下：葡萄糖氯化钠溶液 90 毫升+穿心莲注射液 10 毫升+阿莫西林钠 0.5 克。

(八) 对保育舍病猪的处理

尽管我们采取了所有的办法，努力保持每头保育猪健康，但是，还是有些猪只不能适应断奶。观察那些有不良行为（如吮吸猪肚脐）、外观消瘦和脱水的猪。应早一点对这些猪进行治疗，使其早日恢复健康。

现场有两种方法处理这些有病的小猪。

（1）寄养这些小猪到奶水好的母猪跟前　大部分有问题的猪其实都是消化系统还没有发育完全。如果可能先将奶水好的母猪的 2~3 头大一些的猪断奶，给这些有问题的猪腾出地方来。但这可能不符合全进全出的规定。

（2）只能将有病的小猪搬到专门的弱仔房照料　同时保持这个房间的温暖，提供容易消化的饲料（含奶制品高的饲料）。多数猪场可能建议采取第二种方式。

四、检测保育期的生产成绩

使用下列参数来检查保育期的生产成绩。保育期最重要的参数是死亡率、采食量、日增重和料肉比。可以用表 4-3 作参考，制定每个场可达到的目标。利用所有的资源，包括请有经验的专家顾问来指导。

表 4-3　保育期的生产指标

项目	好	较好	最好
日增重	400	475	550
日采食量	640	715	770
料肉比	1.6	1.5	1.4
死亡率（%）	<2.5	<1.5	<0.5

五、断乳仔猪常出现的问题与对策

断乳仔猪的管理，特别是断乳后的第 1 周，是仔猪管理环节的“重中之重”，因为断乳是仔猪出生后的最大应激因素。仔猪断乳后的饲养管理技术直接关系到仔猪的生长发育，搞不好会造成仔猪生长发育迟缓、仔猪腹泻，甚至诱发疾病，造成高死淘率等严重后果。

(一) 断乳仔猪常出现的问题

1. 断乳后生长受阻

断乳后仔猪的生长速度立即下降。由于断乳应激，仔猪在断乳后的几天内食欲较差，采食量不够，造成仔猪体重不仅不增加，反而下降。往往需 1 周时间，仔猪体重才会重新增加。断乳后第 1 周仔猪的生长发育状况会对其一生的生长性能有重要影响。据报道，断乳期仔猪体重每增加 0.5 千克，则达到上市体重标准所需天数会减少 2~3 天。但是如断乳后 1 周出现 0.5~1 千克的负增重，则出栏时间将延长 15~20 天。

2. 仔猪腹泻

断乳仔猪通常会发生腹泻，表现为食欲减退、饮欲增加、排黄绿稀粪。腹泻开始时尾部震颤，但直肠温度正常，耳部发绀。死后解剖可见全身脱水，小肠胀满。

3. 诱发副猪嗜血杆菌病死亡

多发生于断乳后的第 2 周，发病率一般在 10%~15%，严重时死亡率可达 50%。表现为发热，食欲下降、皮肤发红或苍白，被毛粗乱，腹式呼吸，行走缓慢或不愿站立，腕关节、跗关节肿大，生长不良，直至衰竭而亡。

(二) 断乳仔猪出现以上问题的原因

1. 仔猪生理特点

仔猪整个消化道发育最快的阶段是在 20~70 日龄，说明 3 周龄以后因消化道快速生长发育，仔猪胃内酸环境和小肠内各种消化酶的浓度有较大的变化。母乳中的乳糖在仔猪胃中转化成乳酸，保证胃酸度较大，即 pH 较小。仔猪一经断乳，胃内 pH 值则明显提高。仔猪消化道内酶的分泌量一般较低，但随消化道的发育和食物的刺激而发生重大变化。如果提前给乳猪补充饲料，而且设法尽可能多采食开口料，可刺激胃肠道发育，促进胃酸和消化酶的分泌功能，对饲料消化能力增强，减少断乳后的消化不良引起的腹泻，大大提高断乳后的抗病力。

2. 仔猪的免疫状态

新生仔猪从初乳中获得母源抗体，在 1 日龄时母源抗体达最高峰，然后抗体浓度逐渐降低。第 2~4 周母源抗体浓度较低，而自身免疫也不完善，如果在此期间断乳，仔猪容易发病。研究发现，肠道黏膜下集结全身60%~70%免疫细胞，是最大的“免疫器官”。因此，吃母乳时，尽可能多地补饲开口料刺激消化功能，减少断乳时肠黏膜损伤，即可提高断乳猪免疫功能。

3. 微生物区系变化

哺乳仔猪消化道的微生物是乳酸菌占优势，它可减轻胃肠中营养物质的破坏、减少毒素产生、提高胃肠黏膜的保护作用、有力地防止因病原菌造成的消化紊乱与腹泻。乳酸菌最宜在酸性环境中生长繁殖。断乳后，食物结构发生变化，胃内 pH 值升高，乳酸菌逐渐减少，大肠杆菌逐渐增多（pH 为 6~8 时环境中生长），原微生物区系受到破坏，导致疾病发生。

4. 应激反应

仔猪断乳后，因离开母猪，在精神和生理上会产生一种应激，加之离开原来的生活环境，对新环境不适应，如舍温低、湿度大、有贼风，以及房舍消毒不彻底，导致仔猪发生条件性腹泻。

5. 营养问题

也许是唯一的问题。大多数猪场饲养管理人员重视认识程度不够深刻，在仔猪至关重要的过渡期（断乳后，仔猪立刻由母乳喂养转变为吃饲料，无法很好地进行消化吸收的固体饲料的过程），没有给予正确合理的营养。

在日粮配方设计方面，使日粮的消化吸收尽可能在仔猪消化系统中进行。不能为降低成本，用质量不高的乳猪饲料，减少生长受阻现象。

（三）管理对策

1. 提前补饲，设法做到补料量最大化

造成仔猪断乳应激的根本原因，就是仔猪断乳时对饲料的消化功能弱，之后几天内摄入营养物质少，造成营养负平衡。因此，通过提前补饲，刺激胃酸-消化酶的分泌功能，适应消化植物性营养。断乳后即可采食、消化吸收饲料营养，不会出现营养负平衡。研究表明，小肠微绒毛长度与断乳后采食量成正比，高采食量利于保育猪肠道尽快发育完善，降低断乳应激，提高抗病力，加快保育期长势，实现“多活，均匀、快长”。28 日龄乳猪，断乳前累计补料量至少 400 克/头。遵循少给勤添，保持饲料新鲜为原则。刚开始补饲和刚断乳的几天内，可用温开水将饲料调制成粥状，利于仔猪采食。

2. 选择高质量的开口保育饲料

首要考虑条件是采食量高、易消化和营养性腹泻少。解决仔猪消化不良引起的腹泻要从饲料的易消化性和添加促消化制剂着手，而不是通过添加大量抗生素掩盖等。这样利于猪肠道尽早发育，微生态区系形成，完善消化功能，增强肠黏膜的免疫功能，提高断乳猪的抗病力和保育期成活率。应用适合仔猪消化生理特点的饲料原料（如乳清粉、优质鱼粉、发酵豆粕等），采用先进生产设备工艺制成酥软，易消化的高品质开口料。更易使 10 日龄左右哺乳仔猪提前吃料，多吃料，促使消化道发育，可尽早完善消化和免疫功能。

3. 饮水中添加有机酸化剂

仔猪消化道酸碱度（pH）对日粮蛋白质消化十分重要。大量研究表明，在 3~4 周龄断乳仔猪玉米-豆粕型日粮中添加有机酸，可明显提高仔猪的日增重和饲料的转化率。另外，酸化剂还可杀死饮水管线中的病原菌，减轻断乳仔猪腹泻，提高断乳仔猪成活率、健康程度和养殖效益。已知有机酸中效果确切的有柠檬酸、富马酸（延胡索酸）和丙酸。一定选择含酸量高，缓冲性好，不腐蚀皮肤黏膜的复合性酸化剂。

4. 添加高品质的发酵饲料

发酵饲料因其发酵产酸、产消化酶，含有大量益生菌，进入肠道抑制有害菌繁殖，促进饲料消化，尽早建立肠道微生物群系。加之含有酸香气味，诱食性好，乳仔猪采食量大，协同促进仔猪肠道发育尽早成熟，提高仔猪的成活率和生长率，加快后期长势。综合作用，提升乳仔猪肠道健康水平，获得最佳消化吸收功能和生长潜能，解决制约目前养猪效益的提升的关键环节。但是市场上的发酵饲料，良莠不齐，养殖场可以自己的实际情况选择活力强的复合益生菌发酵剂，运用自家饲料制作发酵饲料，实用高效。

5. 其他管理措施

（1）母去仔留　断乳仔猪对环境变化的应变能力很差，尤其是温度变化。仔猪断乳后，将母猪赶走，让仔猪继续待在原圈，可以减少应激程度。

（2）适宜的舍温　刚断乳仔猪对低温非常敏感。一般仔猪体重越小，要求的断乳环境温度越高，并且越要稳定。据报道，断乳后第1周，日温差若超过2℃，仔猪就会发生腹泻和生长不良的现象。

（3）干燥的地面　应该保持仔猪舍清洁干燥。潮湿的地面不但使动物被毛紧贴于体表，而且破坏了被毛的隔热层，使体温散失增加。原本热量不足的仔猪更易着凉和体温下降。

（4）避免贼风　研究表明，暴露在贼风条件下的仔猪，生长速度减慢6%，饲料消耗增加16%。

第四节　规模化猪场保育舍操作流程和细则

一、栏舍及设备的规格

每头小猪占栏面积：0.4 米^2。

饮水器按1∶10仔猪配。饮水器应有两个高度：杯式饮水器，面距杯口15厘米；鸭嘴式饮水器高度30~35厘米，角度下倾45°。

喂料器：80 千克的不锈钢自动料筒。

二、保育猪舍的准备

仔猪转完群后，应对猪舍彻底清洗消毒，准备给下一批将断乳的仔猪。操作过程如下。

① 把猪舍两边的百叶窗打开，排尽污水沟里的污水及猪粪，然后清理猪料槽、料桶及料车剩下的饲料。② 猪舍冲洗之前，要对防潮、保温设备及其他电器设施用塑料纸包好，防止在冲洗时进水损坏。③ 为达到高效的猪舍清洗消毒效果，猪舍的所有部位都用清洁球沾 1∶400 的洗衣粉水全面擦洗，再用高压冲洗机彻底清洗猪栏风扇、风扇窗叶、百叶窗。④ 清洗猪舍完毕，待栏面干燥后，使用兽医指定消毒水按比例喷洒，每平方米用配好的消毒水 300～500 毫升消毒。如果有带菌的昆虫必须用杀虫剂喷洒，每平方米用配好的杀虫剂水 50～100 毫升，空栏至少 3 天。⑤ 转断乳仔猪入保育栏之前，要检查所有设备的使用状况，环境控制系统的检查，风扇皮带的松紧程度，暖风机能否正常运转，百叶窗的开关是否顺畅，检查温度控制器的准确性。⑥ 检查饮水的水压及水流量，维修已损坏的饮水器及其他设备。

三、接断乳仔猪入保育舍

从分娩断乳的仔猪接进保育舍，首先要检查断乳仔猪头数及转移断乳仔猪报表是否一致，在检查头数的同时要逐头核对每头猪的品种，同时检查仔猪的健康状况。发现有问题的仔猪或质量没达到断乳标准的仔猪，要及时做淘汰处理，最后登记接收仔猪情况给分娩舍。

按性别、大小及品种把仔猪分群，每头饲养面积 0.35～0.45 米^2。待仔猪分群以后，要对每栏的猪只注册登记及填写栏卡，详细记录猪只的头数和品种。

四、保育猪舍的环境控制

1. 温度

保育猪对温度比较敏感，如果温度变动过大或过低，马上会引起仔猪腹泻。所以在保育舍的温度控制中，保温的工作也显得十分重要，同时也要求保育猪舍的保温效果一定要好。

首先，一定要知道猪只体内散热的方法，这样才能从各个环节有效地控制。

2. 保育舍内环境控制要达到仔猪每个饲养阶段的要求

在保育舍所用设施及控制方法分别如下。

每个阶段仔猪对温度的要求不一样，首先要知道各个阶段猪只的温度要求。保育舍各周龄的温度要求如下。

第一周：开启保温灯，地热和热风炉使温度能达到猪舍设定的要求。

第二周：开启保温灯，地热和热风炉使温度能达到猪舍设定的要求。

第三周：关闭一半保温灯，同时关闭地热。

第四周以后：关闭所有保温灯和地热，只用热风炉供热，就能达到猪只的温度要求，保证猪只正常的生长。

3. 湿度

保育猪理想的湿度要求是75%左右，但是在我国西北地区根本做不到，如果要做到必须用加湿器。可是这样做成本太高，而且不太现实，再加上猪只对湿度的要求也不是太高，所以在实际生产中可以忽略。

4. 保育舍的通风换气

（1）猪舍标准通风量的计算　要计算猪舍内的标准通风量，以下为不同阶段猪只的氧气需要量。

①不同阶段猪只的氧气需要量。猪头数=A，每头猪的换气量=B，风扇的标准通风量=C，一个循环周期为S秒，P=（A×B）/C。

风扇的开启时间为ON=P×S、风扇停的时间为OFF=S−ON。

例如：保育仔猪220头，每头的换气量15CFM（注：CFM是英制气体流量单位，立方英尺/分钟，CMM是常用中制流量单位，立方米/分钟。现在国内一般用米^3/小时作为风量单位，二者换算关系为：1 CFM≈1.7 米^3/小时)，有 36 英寸的风扇换气量为 8 000 CFM。每 300 秒为一个循环周期。

风扇开的时间为：ON=P×S=0.41×300=125 秒

风扇停的时间为：OFF=S-ON=300-125=175 秒

② 各种型号风扇的通风量。

24 英寸的风扇的通风量为 4 000~5 000CFM

36 英寸的风扇的通风量为 8 000CFM

48 英寸的风扇的通风量为 20 000CFM

50 英寸的风扇的通风量为 25 000CFM

（2）保育舍百叶窗开启面积 M 的计算　风扇的通风量=C、猪只要求的风速 D=60 米/秒，M=C（米^3/分钟）/D（米/分钟）。

例如：36 寸的风扇工作的通风量 C=8 000 CFM =222.22 米^3/分钟，猪只要求的风速 D=60 米/秒，则保育舍百叶窗开启面积 M=C/D=222.22/60=3.7 米^2。

保育舍每个单元的百叶窗是 6 个，每个百叶的面积约为 1 米^2，所以 36 英寸风扇工作时，应开启 4 个百叶。

五、保育舍的饮水和饲喂

1. 保育仔猪的饮水

饮水标准：保育仔猪饮用的水要符合我国无公害食品畜禽饮用水水质（NY 5027—2008）标准。

根据保育阶段而判断饮水情况。保育舍内的饮水器有 2 种，一种是鸭嘴式饮水器，距地面 25 厘米，每个栏中有 4 个。一种是乳头式饮水器，杯底距地面 15 厘米。每个栏中有 1 个，每个饮水器可以供 8~10 头猪饮用。对照猪只饮水标准，计算猪只饮水量，观察水箱是否有剩水。

2. 保育猪的饲喂

（1）加料标准　断乳仔猪的加料标准为断乳体重的 1%，然后每天增加 22 克。

(2) 加料次数　第1~3天喂稀料，每天最少8次；第4天加颗粒料，每天最少4次，早上下午各2次。

(3) 换料方法　按照保育仔猪生长需要，具体结合猪场保育阶段各种仔猪料进行换料。

4天式的换料方法：第1天，哺乳料75%+断乳料25%；第2天，哺乳料50%+断乳料50%；第3天，哺乳料25%+断乳料75%；第4天，全部换成断乳料。

保育舍的喂料原则：换料按上述方法，要求少喂多餐，保证饲料的新鲜。

3. 保育舍水厕所的管理

保育舍水厕所的面积占整个饲养面积的12%~15%。保育舍的水厕所水沿的高度为12厘米，宽度为80厘米，长度根据猪舍的实际长度来定。

水厕所的作用：能降低猪舍内氨气的浓度，因为氨气可溶于水；能增加猪舍内的湿度；可供猪只排泄，猪舍内比较干净；供猪只玩耍，夏秋高温季节还可供猪只浸泡降温。

六、保育区的防疫

(一) 保育猪舍的消毒防疫

猪舍的消毒防疫是控制猪只疾病的第一步，也是至关重要的一步。下面是保育舍消毒防疫的要点。

① 每天进生产区必须消毒洗澡换衣服，与生产无关的物品不得带进生产区。

② 每天猪舍消毒1次，消毒液使用比例按说明书。

③ 猪舍周围每周消毒2次。

④ 每天换消毒盆水，保证消毒盆的有效使用。

⑤ 每位员工进猪舍时，必须脚踩消毒盆，方可进入猪舍。

⑥ 饲养员不能随意串舍，并阻止无关人员进入猪舍。

⑦ 饲料车进场内必须喷雾消毒，其他物品必须紫外线消毒30分钟。

⑧ 其他按场里规定的防疫制度进行。

（二）保育区疫苗领用及接种操作规范

为了保证疫苗接种质量，保育区特制定疫苗领用及接种操作规范。

① 疫苗按照其说明书进行配制，必须冷藏箱领取。冷藏箱加冰，放有高低温度计（保证其箱内温度在 2~8℃）。弱毒苗稀释后必须在 2 小时内注射完。对于气喘病苗，若放量过多，用剩的疫苗，及时封口送回药房，放入疫苗储藏箱中。

② 疫苗领用时避光，避紫外线。

③ 对于待接种仔猪，提前 2 小时停料，并且在水中加电解多维（包括接种前 1 天，当日及接种后 1 天）。保定仔猪时，轻抓轻放，减少应激反应发生。严禁接种时大声喧哗，制造出尖锐刺激的声响。

④ 进行接种时，准备好地塞米松等抗过敏的药物，对疫苗过敏仔猪进行注射。注射剂量标准：3 周龄仔猪 4 毫升/头，5~8 周龄仔猪 5 毫升/头。

⑤ 人员准备：技术员或班长负责注射，单元饲养员负责抱仔猪。

⑥ 注射器针头等准备：疫苗接种根据不同疫苗及剂量，可使用一次性注射器，20 毫升多次性注射器，及连续性注射器进行接种。针头型号：3 周龄 7#×13，5 周龄 9#×15，8 周龄 12#×20。在注射的过程中，每一栏一个针头。

⑦ 疫苗用完后将空瓶集中放在指定处，以便对废弃的疫苗瓶做消毒深埋处理。

⑧ 疫苗注射完毕后，要填写免疫记录表，以便以后跟踪查找。

七、猪只的健康检查

① 检查仔猪采食状况来诊断猪群的健康状况。

② 猪群检查：看体表被毛是否舒展，体色是否红润发光，行走是否精神，卧息是否正常，粪便是否异常，呼吸频率等是否正常。

③ 检查猪群健康的方法：健康检查每天最少 2 次。具体的做法是，进入到猪栏中，把每头猪轰起来，逐个检查每头猪的精神状况等，每栏检查用 3~5 分钟。发现有病猪要及时调群并栏，病弱猪放在猪舍的最后一栏，并做及时的治疗。对病弱猪治疗用一个疗程

(一疗程为 3~5 天)，如果无效要做淘汰处理。

④ 在治疗过程中，每一栏换一个针头，并且要用喷漆对治疗过的猪记号。具体的做法：做好治疗记录，以便跟踪治疗效果和评估药物的疗效。

⑤ 当猪只的发病率达到 5%时要进行整体投药。具体的做法：在水中给药时先在小容器中混合后再加入到水箱中。计算用药量的方法为：用药量=（每头猪体重×每头猪用量×猪头数)/药物浓度。

八、设施设备检查

1. 温控系统检查

观察大小风机皮带是否正常，地热开关是否打开，百叶窗打开数量是否足够，饮水器有无漏水、滴水等现象，料槽下料是否适宜，戏水池排水口是否关闭，保温灯、照明灯等是否正常。

2. 物品检查

各种物品是否归位，如扫帚、笤帚是否放在工具栏，注射器、针头等是否拿回药房，垃圾袋是否清除。

九、转出保育舍

① 转出前彻底地检查仔猪的质量，对不合格的要淘汰。具体的指标有：体重小于 12 千克（63 天）的；有皮肤病的；消瘦、拉稀、喘气等有明显疾病的；腿疼、跛行的；有疝气的。

② 转出前 2 个小时要对仔猪停料，以免在转猪的过程中出现应激。

③ 转出时要对仔猪称重记录，并核对猪只的品种。保育猪转出后，及时填写猪群转移表，双方签字确认后交统计。

十、安全节能

① 保育区切实执行场里的防疫制度，减少疾病传播，保证猪只安全。

② 舍内有安全隐患的应及时维修。

③ 按标准操作，保证设备的正常工作和人身安全。

④ 贯彻执行公司安全管理规范。

⑤ 减少物料浪费以降低养殖成本，并对物料消耗纳入绩效考核。

⑥ 每天下班后，应对舍内水电进行检查以减少浪费。

⑦ 必须严格按操作要求进行，保证舍内工具的使用寿命。

⑧ 发现饮水器漏水应及时更换。

十一、保育舍的工作要求

① 严格执行防疫制度，拒绝无关人员入内。

② 每一位员工进保育舍时必须脚踩消毒盆。

③ 按时上下班，工作时间内不能离开工作岗位或闲聊。

④ 保持舍内干净，通风良好，温度适宜。

⑤ 做好仔猪饲喂工作。

⑥ 按标准加料，饲养员必须每天认真检查仔猪健康状况。

⑦ 按要求完成病仔猪的治疗工作。发现病猪必须隔离治疗，病猪治疗 3 天无效要淘汰。

⑧ 按各种电器的操作规程操作，爱护猪舍内的各种设备，并保证人员和猪只的安全。

⑨ 每一位员工要尽职责，充分发挥主人翁精神。

⑩ 员工对猪舍必须每天消毒 1 次。

⑪ 工作人员在上班期间不能私自离开工作岗位。

⑫ 全区员工团结一致、奋发向上。

十二、保育舍日常工作安排

8: 00 记录温度、湿度，检查仔猪健康加料、记录仔猪吃料情况。

8: 30 清粪、打扫卫生、换消毒水。10: 00 检查仔猪健康状况，并打针治疗、加料、消毒。

11: 00 注射疫苗或做其他工作。

12: 00 午餐、休息。

14: 00 记录温度、加料、注射疫苗。

16: 00 仔猪治疗及其他工作。

17: 30 整体检查、下班。

第五章　外购仔猪的精细化饲养管理

第一节　仔猪选购方法

规模化养猪一定要尽量坚持自繁自养的繁殖模式，避免从外引进仔猪。但是，有时为增加养猪效益，有些小规模、散养户还是要进行部分仔猪补栏。在这种情况下，养殖户尽量到熟悉情况的邻村、邻舍就近引进，避免引进传染病。

一、了解产地疫情状况

凡是需要从外地引进二元或三元杂交仔猪的，事先要到畜牧兽医部门了解仔猪产地有无疫情，确定无疫情后方能前往购买引进。

二、挑选品种或品系

在挑选仔猪时，一定要到有畜牧主管部门批准的良种繁育资质的良种场选购仔猪；不要在集市或者是没有资质的小型猪场选购仔猪。据统计，在消耗同样饲料的情况下，二元杂交猪要比纯种猪提高日增重15%~20%，三元杂交猪要比纯种猪提高日增重25%左右。因此，要引进二元、三元杂交猪或配套系猪，如杜长大、皮长大、杜大DⅥ、杜大、淮猪配套系等。这样可以充分利用杂交猪比纯种猪增重快、肥育期短、节省饲料、抗病力强等优势，降低育肥成本，提高经济效益。在选购的时候，可以向猪场了解仔猪的父母代，最好选择那些父亲是引进品种，母亲是地方品种所产的后代（内二元）。它们生下来的仔猪具有公母猪的双重优点，既耐粗饲，又长得快，尤其是肉质优、抗病力强、易饲养。这类猪适宜生产优质猪肉或特色猪肉，缺点是瘦肉率不是很高。父本不同会有不同的毛色，如以杜洛克为父本，以地方品种作母本，所产仔猪一般均为黑色毛；以长白、大约克为父本，所产仔猪一般以白毛为主，伴有少量灰色斑块。

另一类是内三元、外三元模式。内三元是第一母本为地方品种，第二母本为第一父本与地方母猪杂交所产二元杂交母猪，第二父本为引进品种，所产仔猪均作商品猪育肥。这种猪同样也耐粗饲、父母代产仔高，瘦肉率一般在60%左右，也适宜农户散养，一般配套模式为杜长本、杜大本、大长本等。外三元是指完全由引进品种进行两杂交配套生产商品猪的模式。一般瘦肉率较高为65%左右，饲料报酬高，生产速度快，但外三元对饲养环境、饲料营养水平以及管理水平要求较高，抗应激、抗病能力差，母猪的繁殖能力差，发情不明显等缺点，适宜在饲养管理水平较高的规模猪场饲养，否则发挥不了其潜能。适宜生产大众型瘦肉产品，如杜长大（或杜大长）三元商品猪，在饲养管理水平较高的情况下，日增重可达900克/天以上，育肥期料肉比在2.5∶1以内，瘦肉率65%左右，但肌内脂肪含量较低，一般1.8%以内。肌内脂肪含量一般在2.5%~3%的猪肉一般为优质猪肉，口感好，滋润易咀嚼，有风味。

另外，养殖场（户）要根据自己的圈舍条件及饲料资源状况选择不同的品种。如果你的圈舍条件不太好，或者当地的玉米、豆类等饲料资源不充足，就不要养国外引进品种，因为这些猪种在较差的条件下，根本发挥不出其优势，反而可能会生长缓慢，变成僵猪。可养一些适应性强、耐粗饲、抗病性强、繁殖性能好的地方品种、杂种猪或含地方血统的配套系。配套系一般都是经过国家审定的，具有品种标准，所以在购买配套系时应注意问清楚配套模式，是几系配套，配套系的品种标准及饲养标准等情况，以免上当受骗。

三、个体挑选

仔猪质量的好坏，直接关系到猪以后在生长育肥期增重的快慢、饲料利用率的高低和抗病力的强弱。所以，要养好猪必须高度重视选购优良个体仔猪。主要从以下几个方面去挑选。

1. 选择同窝且体大的仔猪

买猪时最好选择同窝的仔猪，因为同窝猪不咬架，能够和睦相

处，容易饲养，生长速度快。最好选择较大的，因为一窝中最小的一般都是弱仔。

2. 看精神状态

健康仔猪眼大有神，活泼好动，见人有恐惧感，起立敏捷，站立自然，行走轻健，一见生人接近，便警觉地张望四周。

3. 观察采食、饮水情况

健康仔猪的食欲与日增重成正比。喂料时呈现饥饿感、乱叫，争先恐后地抢着吃，嘴巴伸入食槽底，大口吞食，并发出有节奏清脆的声响，吃食有力，采食后，有规律地饮水。

4. 看站立时尾部姿态

健康猪站立时，尾尖卷曲，并有节奏地自如摇摆。而有病的猪站立时，则尾部下垂而不动。

5. 看头部

头大而宽，嘴短而宽，鼻孔大，鼻盘湿润，眼结膜为粉红色，无分泌物。

6. 看体躯各部分发育情况

发育正常的猪肌肉丰满，体格粗壮结实，体长适中。

7. 看粪尿、肛门和尾巴

排出的粪落地成团、松散、柔软、湿润，呈一节一节圆锥状，尿液为淡色或淡黄色。肛门周围无污染和干燥的粪便，否则说明该猪患有下痢等消化道疾病。尾巴粗而短，左右摆动不停。

8. 看腿部

四肢宽大、结实，四肢高，前胸宽。

9. 看呼吸情况

健康仔猪呼吸深长，平行，气流均匀，呼出的气频率为10~20次/分钟。

10. 听叫声

抓其耳听其叫，健康仔猪叫声清脆。若叫声嘶哑或低沉而短促，或个别有喘鸣声则为病猪。

11. 称猪重

一般生长发育正常的猪，生后50~60天体重应达到15~20千克，体重愈大，其以后的发育和肥育期增重愈显著。

第二节 仔猪运输

仔猪挑选好以后，就要进行运输。在运输过程中由于受到各种应激因素的影响，很多猪场出现仔猪大群发病的现象，死亡率极高，养殖户损失惨重。

仔猪运输应激是指在仔猪装运过程中受到应激因素的刺激，引起生产性能下降、持续高热、急性死亡的应激综合征。

一、运输前

1. 选择适宜的运输季节

春秋两季是运输活猪的最佳时节。夏季运输时，一定要做好防暑降温措施，多选择下午卸车早晨行走；冬季一定要做好保暖措施，在车厢铺满稻草，车外包上棉被，多选择白昼运输。

2. 运输车辆

首先，要选择与活猪运输量相适应的运输工具。其次，车厢应通风良好，车辆应敞篷，护栏最好为栏栅式。为预防下雨或夜间温度降低，还应备有篷布。为了防止猪只打滑，车厢可铺上垫草或草木灰。运输车辆临时运输活猪时，易带多种传染源，应在装猪前用5%福尔马林对运输车辆进行彻底消毒。

3. 选择健康猪只

外购猪时，要仔细挑选体型好、肉体形态良好、活泼好动、被毛顺滑有光泽的健康猪只，切忌为了贪图廉价购置衰弱或有病的猪只。生猪处于饱食形态时，不宜立刻装车起运，在休息1~2小时后方可起运。在体型大小相当的前提下，尽量把同一窝的猪装在一起。装车完成后由检疫人员出具检疫合格证明。

二、运输途中

1. 运输道路

避开一些山路，尽量选择高速路，司机一定要熟悉运输道路，防止急转弯或急刹车，增加猪只的挤压。在经过有疫情的地域时少停车，防止感染疫病。

2. 猪运输应激造成的损失

生猪失重损失、运输致残致死、胴体品质下降；生产繁殖性能和免疫力下降；需求量增加和缺乏症出现。

仔猪的运输和商品猪比起来要求要严格的多，共同点是都要求缩短运输时间减少损耗，防止仔猪挤压应激致死致残，但是仔猪是用来继续饲养的，还要尽量要求不影响后期的生长。

3. 预防运输应激的措施

（1）选择适宜的季节和起运时间　春、秋季节气候温和，是运输猪苗的最佳季节。特殊情况下，须在炎热季节运输时，应切实加强防暑降温措施，妥善安排起运时间，避开高温时分，下午装车晚上行走。如出场的仔猪处于饱食状态时，不宜立即装车起运，必须在休息1~2小时后，方可起运。否则，由于运输颠簸、挤压等，容易压迫、损伤内脏，加剧呕吐和意外事故的发生。

（2）设置防护措施　在运输前可根据运载数量，先将车厢用隔板隔成2~3个横格或直接用专用的拉猪笼。拉猪笼一般分2~3层，每小格可装5~6头猪，最好装同体重和同性别的猪。搭盖好顶棚，周围用绳网扎严，以利于通风换气，防止日晒雨淋和途中逃脱，切勿用不透气的帆布等封盖。

（3）加强运输途中的护理　车行一段时间，应停车观察猪群，及时赶散堆压的猪只，要投喂一些多汁青饲料，用长嘴塑料瓶逐头给予饮水，饮水中加少许食盐；在当日最高气温时分，应停车蔽荫休息，并用冷水冲刷车厢，以降低车内温度。

（4）接猪　仔猪运到猪场，要先在隔离舍观察7天，再补打相应的疫苗，饲养 7 天后，没出现疫情，进行载体消毒后进入猪场分栏饲养并按大、小分开，每栏饲养 10~15 头为宜。

（5）治疗　对出现运输应激综合征的病猪，及时对症治疗。出现脱水、酸中毒时，及时使用碳酸氢钠溶液 150~200 毫升，一次静注；在酸中毒现象得到缓解后，用葡萄糖生理盐水 500~1 000 毫升，加维生素 C 0. 2~0. 5 克，一次静脉注射。疗程不得少于 2~3 天。有并发感染时，配合使用抗菌和解热药物。

三、运输后

抵达目的地后，对猪要轻抓轻放，进场之前，对猪场隔离栏严格消毒。依据猪体重和健康状况合理分栏，尽快供应清洁饮水。有受伤的猪及时治疗。待猪休息 1 小时后才可喂食，同时随着猪体的恢复，喂料量要适当增加，对拉稀、不采食或精神委顿的猪，要及时医治。对体温降低、疑有传染病的猪要单独隔离察看，并留意搞好猪舍的卫生、通风、保暖等设备，隔离察看半个月后，如没有疾病方可进入生产区。

第三节　外购仔猪的精细化饲养管理

一、严格消毒

仔猪补栏时消毒至关重要。外购猪的过程中，猪场管理人员必须要注意运猪车在各节点的消毒，以削减病原微生物在车与猪、猪与猪之间的传播，并可防止运送半途空气中的病原体附着在猪身上形成感染。

首先要将猪舍内的地面、墙壁、门窗、天棚、通道、下水道、排粪污沟、猪圈、猪栏、饮水器、水箱、水管、用具等彻底清理打扫干净，再用水浸润，然后用高压水枪反复冲洗。干燥后用消毒药液洗刷消毒 1 次。第 2 天再用高压水枪冲洗 1 次。干燥后再用消毒药液喷雾消毒 1 次。如为空舍，最好用福尔马林熏蒸消毒 1 次，空舍 3 天后可进猪。熏蒸消毒每立方米空间用福尔马林溶液 25 毫升，高锰酸钾 12.5 克，计算好用量后先将福尔马林分点放于容器中，然后加入高锰酸钾，并用木棍搅拌一下，几秒钟后即可见浅蓝色刺激眼鼻的气体蒸发出来。室内温度应保持在 22～27℃，关闭门窗 24 小时，然后打开门窗通风。不能实施全进全出的猪舍，可在打扫、清理干净后，用水冲洗，再进行带猪消毒，每周进行 1 次，发生疫情时每天 2 次。

其次对猪舍周围洼地要填平，铲除杂草和垃圾，消灭鼠类、杀灭蚊蝇、驱赶鸟类等，每半月清扫 1 次，每月用灭毒净、卫康或 5%来苏儿溶液喷雾消毒 1 次。工作服、鞋、帽、工具、用具要定期消毒；医疗器械、注射器等煮沸消毒，每次用后都要消毒。

另外，消毒时要按照消毒药物使用说明书的规定与要求配制消毒溶液，配比要准确，不可任意加大或降低药物浓度。根据每种消毒剂的性能决定其使用对象和使用方法，如在酸性环境和碱性环境下，应分别使用氯化物类和醛类消毒剂，才可达到良好的消毒效果。当发生病毒及芽孢性疫病时，最好使用碘类或氯化物类消毒剂，而不用季铵盐类消毒剂。不要随意将两种不同的消毒剂混合使用或同时消毒同一物品。因为两种不同的消毒剂合用时常因物理或化学的配伍禁忌导致药物失效。消毒剂要定期更换，不要长时间使用一种消毒剂消毒一种对象，以免病原体产生耐药性，影响消毒效果。消毒药液应现用现配，尽可能在规定的时间内用完，配制好的消毒药液放置时间过长，会使药液有效浓度降低或完全失效。

二、投料跟踪

刚购进补栏的仔猪，由于环境、饲料的改变，管理和喂料的方式对其生长发育影响很大，如果喂料不均匀，容易造成消化不良、下痢等胃肠疾病或其他应激反应，影响仔猪的健康生长。所以，刚补栏的仔猪要少喂勤添，细心观察，跟踪到位。

1. 根据仔猪排粪状况投料

刚补栏仔猪的粪便由粗变细，由黄色变成褐色，这是正常粪便。如果发现粪便呈糊状，淡灰色，并有零星呈黄色，粪内有未消化饲料，这是仔猪要下痢的预兆，应停食一顿。下顿也只能喂停食前的一半，再下顿也要视情况而定。如果看到圈内大部分粪便变软、变黑，投料量可恢复到正常喂量的80%，再下顿可恢复到正常用量。如果粪便是糊状、绿色，粪内混有脱落的肠黏膜等，要停食两顿，第三顿只在槽底撒少量饲料，逐步增加投料量，经3天后再逐步恢复到常量。

2. 统一饲喂量

补栏仔猪的初喂饲料尽量与原饲养场保持一致，保证供给充足清洁的饮水，搞好舍内的定期消毒，保持干燥、卫生，使其有个良好的生活环境。

三、保持环境舒适

培育新购进的仔猪，最大目的是健康快速生长、饲料报酬高、屠体品质好、饲养周期短及死亡率低。因此，整个饲养过程中切莫忽视猪舍的温度和湿度的调节工作。

在猪舍的外围结构中，失热最多的是屋顶，因此设置天棚极为重要。铺设在天棚上的保温材料热阻值要高，而且要达到足够的厚度并压紧压实。保温的屋顶在夏季隔热的效果也很好。墙壁的控温仅次于屋顶，普通红砖墙体必须达到足够厚度，用空心墙体或在空心墙中填充隔热材料，能提高猪舍的防寒和避暑能力。培育优质仔猪适宜的温、湿度标准是：体重60千克前，最适温度为16~20℃；60~90千克为14~20℃，最好不低于12℃；90千克以上为12~16℃。相对湿度为40%~70%。育肥仔猪一般以群养为宜，每群以不超过25头为佳。每头猪所需栏舍面积为1米^{2}左右，条状地面为0.9米^{2}左右。猪舍设计时应考虑如何减少冲洗时间。实地栏舍应有适当的斜度，使排水顺畅；条状地面应使粪便易于掉落沟内，同时还应避免损伤肢蹄。同时，饲料槽的设计与放置正确与否，均会影响肉猪采食量及饲料的浪费量。肉猪采食的能量=维持需要+增膘长肉。一般随体重的增加，维持消耗相对增加。因此，肉猪肥育期不宜无端延长，以免浪费饲料。另外，要严格控制舍内有害气体，及时清除粪尿，通风换气，以利空气新鲜，温、湿度适宜。干燥舒适的环境条件才能使肉猪保持旺盛食欲，获得较高的增重速度和饲料转化率，创造较高的经济效益。

四、预防疾病

1. 及时注射疫苗

仔猪购入时立即注射猪瘟疫苗，每头仔猪注射 6~8 头份。其他疫苗可根据季节和当地的疾病流行情况，制定合理的免疫程序。各种菌苗尽量不做或少做，可通过细心管理，定期投药来预防细菌疾病，加强消毒。对疫苗过敏的仔猪可注射 2 毫升的肾上腺素或地塞米松缓解。

2. 给水给料

仔猪购入 2 个小时后给水，少给勤添，避免引起应激性腹泻，水里加速补，连饮 1 周，长期饮用更好，可以提高猪的抗病力，促进仔猪的生长发育。购入 4 个小时后喂料（购入前 3 天适量限料，每天喂六七分饱即可），饲料中可加入适量抗应激药物和敏感抗生素，控制常见的各种细菌病。

3. 及时驱虫

在仔猪适应新环境 2 周后，就进行驱虫。把驱虫药拌入少量适口性好的饲料中，晚上一次喂服；3 天后用 10~15 克小苏打拌料一次喂服洗胃；5 天后用大黄苏打片拌料，早、晚各 1 次。也可在饲料中加入帝诺玢（每 50 千克饲料中加入 50 克），连喂 1 周，即可驱除猪只体内外的各种寄生虫。购入 2 个月时再驱虫一次，可使猪只到出栏时也不再会受寄生虫的干扰。

仔猪在购入第 2~3 周可进行去势，于早晨空腹时实施，一定要在仔猪精神状态好，健康无病时进行，去势前后在饮水或饲料里加入速补，每袋对水 400 千克或拌料 200 千克，连用 7~15 天，以降低猪的应激。

第六章　仔猪常见病防治

第一节　腹　泻

粪便的质度（颜色、硬度）因摄入的食物不同而有所差异，但当变得比正常时含较多的液体时，特别是与大肠或者小肠疾病的症状有关时可考虑为腹泻。猪患小肠疾病时常伴有的症状是呕吐、黑粪、消化不好的粪便、粪便量大和肠音。猪患大肠疾病则很少出现呕吐，但可能出现粪便带血，表面有肉眼可见的黏液，少量多次排粪和里急后重。

一、诊断方法

仔猪腹泻的原因常常可根据病史、临床症状和尸体剖检结果而做出初步的诊断。然而，依据临床症状通常不能确定可能的病因，这是因为同一种病原可引起不同的临床症状，并且有可能同时并发多种疾病。因此，应尽可能地多收集资料而不要依据一两种症状就贸然做出诊断。

1. 感染性因素

仔猪腹泻最常见的原因是大肠杆菌病、低血糖症、传染性胃肠炎、梭菌性肠炎、球虫病和轮状病毒性肠炎。这 6 种疾病占所有断奶前仔猪腹泻的主要部分。不常发生或很少发生于仔猪但是主要症状为腹泻的疾病还有类圆线虫感染、猪痢疾、猪丹毒和沙门氏菌病。伪狂犬病和弓形虫病也可能引起仔猪腹泻，但是腹泻一般不是其主要的临床症状。

猪群突然暴发腹泻并且迅速传播，这常与病毒感染有关。隐性发生、缓慢散播并且症状随时间而逐渐加重的多见于细菌感染或者寄生虫病。

及时了解猪群免疫接种的状况和以前是否接触过传染病有助于疾病的诊断。传染病如地方性传染性胃肠炎、球虫病、轮状病毒性肠炎、大肠杆菌病、梭菌性肠炎等一旦发生于猪群，则很难被彻底根除。尽管采取了控制措施，这些病仍可引起腹泻。猪群一旦有上述疾病的慢性感染就应该评估一下防控措施，以确定是否是因为没有很好地执行预防措施（免疫接种或投药）从而使疾病再次发生。

仔猪首次发生腹泻的日龄（表 6-1）有助于揭示病因。仔猪出生后第 1 天或者第 2 天发生的腹泻可能是由于大肠杆菌病、低血糖症或者梭菌性肠炎引起的。球虫性腹泻最早发生在 5~7 日龄。由地方性传染性胃肠炎、轮状病毒性肠炎、猪痢疾、沙门氏菌病和猪丹毒等疾病引起的腹泻多发生于 1 周龄以后。大肠杆菌病和无乳症引起的腹泻除见于出生后几天外，也常见于 3 周龄仔猪。有时，仔猪腹泻不是在某一日龄开始，而是同时发生在多个日龄的仔猪中。1 日龄以上的仔猪发生急性严重腹泻是地方性传染性胃肠炎和伪狂犬病的典型特征。无明显发病时间并可感染各种日龄猪的腹泻可能是大肠杆菌病和轮状病毒性肠炎引起。

当仔猪发生腹泻时，往往是整窝发病。这是因为对大多数传染病而言，要么是母猪具有免疫力，仔猪通过母乳获得足够的抗体而不发病；要么是母猪没有免疫力，仔猪无法获得足够的母源抗体而整窝发病。梭菌性肠炎则例外，可能只感染一窝仔猪中的少数，而且通常是整窝中最大最健康的仔猪。低血糖症也只引起一窝仔猪中的少数发病，通常是最小的仔猪发病。

检测粪便的 pH 值以用来帮助鉴别腹泻的原因。待检粪样最好通过挤压一些感染仔猪腹部而采集，而不是从地上采集。导致中度到重度肠绒毛萎缩的疾病，如地方性传染性胃肠炎和轮状病毒性肠炎，所致腹泻物为酸性。而其他肠道疾病引起的腹泻，其粪便偏碱性。

通常仔猪腹泻最先可见到的症状是脱水，表现为骨凸现，皮肤干燥、颜色发蓝、如羊皮纸，指掐后保持牵拉状态。

引起仔猪肠炎的病原体大多不感染母猪。这个一般规律不适用于母猪无乳症引起的仔猪低血糖症以及地方传染性胃肠炎和伪狂犬病，在这些情况下母猪发病且表现为呕吐或者腹泻。

脆弱拟杆菌、耐久肠球菌和衣原体感染引起的仔猪腹泻少见。

表 6-1 引起猪腹泻病的常见发病日龄

猪的年龄							
24小时	5天	3周	5周	10周	20周	30周	成年猪
	类圆线虫	大豆粉过敏					
	大肠杆菌病						
症状严重			传染性胃肠炎				症状较轻
症状严重			猪流行性腹泻				症状较轻
			猪瘟，非洲猪瘟				
	梭菌性肠炎						
	轮状病毒性肠炎						
	球虫病						
				沙门氏菌性肠结肠炎			
					猪鞭虫		
					猪痢疾		
					坏死性肠炎，增生性回肠炎		
					增生性出血性肠炎		
						胃溃疡	

2. 非感染性促成因素

有效的环境温度和能否吃到奶是仔猪腹泻的两个主要的促成因素。

仔猪的低临界温度（即低于此温度它们必须利用额外的能量维持其体温）是 33℃。对刚断奶的仔猪来说，其低临界温度大约为 28℃。猪实际经受的有效环境温度是空气辐射、地面传播、潮湿表面蒸发以及墙和窗户的对流等热传递的综合结果。

充足的乳汁是仔猪获得乳源抗体和维持体温所必需的。任何制约仔猪吸乳的因素，如无乳或者妨碍仔猪接触奶头的因素（产箱木条阻碍哺乳、地面太滑）等都会加重临床上的疾病。

仔猪在某些环境下会更容易发生腹泻。连续产仔的运作易导致发生大肠杆菌病和地方性传染性胃肠炎。大肠杆菌病常见于管理和环境卫生差的猪场。在有大肠杆菌病的猪群，初产母猪的仔猪比经产母猪所产的更易感染此病。除了连续的产仔计划外，有地方性传染性胃肠炎的猪场还经常由场外引入猪只。

引起未断奶仔猪腹泻病的诊断要点见表 6-2。

3. 尸体剖检

剖检有腹泻的猪时应密切注意 3 个部位：第一，检查肠系膜内的乳糜管，其内有无脂肪，反映疾病能否引起肠绒毛萎缩和降低小肠吸收能力。乳糜管内没有脂肪是地方性传染性胃肠炎突出的病理变化，而在轮状病毒性肠炎则不一定见到。大肠杆菌病不影响肠道吸收脂肪的能力。乳糜管内没有脂肪也可见于未能吃到乳汁的仔猪。胃内发现乳汁或者凝乳块则说明该仔猪已经吃过乳汁，不可能是低血糖症。第二，检查肠的浆膜面是否发红或透明，发红可能是梭菌感染，透明可能是传染性胃肠炎。第三，应该非常仔细检查肠黏膜面。肠黏膜有出血点或者明显的出血可能是梭菌性肠炎或者沙门氏菌病；肠黏膜纤维素性坏死，伪膜性的可能是球虫病或者慢性梭菌性肠炎；出血性的可能是急性梭菌性肠炎和猪痢疾。

对于较大的猪（断奶猪至成年猪），腹泻可能是疾病的唯一症状或者是有其他症状的疾病综合征的一部分。临床兽医应该确定患病猪的症状，是否是全身性疾病还是局限于胃肠系统，涉及大小肠还是二者都涉及。大猪的尸体剖检与小猪的相似。

当猪只对饲料中大豆粉过敏时，可能在断奶后几天至 1 周内出现拉稀。隐孢子虫极少引起断奶仔猪腹泻。

仔猪腹泻病主要剖检病理变化见表 6-3。

表 6–2　引起未断奶仔猪腹泻病的诊断要点

疾病	出现症状的日龄	发病率	死亡率	季节	仔猪其他症状	腹泻外观	其他猪症状	发病及经过	有关因素
大肠杆菌病	任何时间，易感高峰期在1~4日和3周龄	不一，通常中等，典型为整窝感染，邻窝可正常	不一，中等	任何季节，但是冬季受凉的仔猪和夏季无乳的仔猪多发	脱水，腹膜苍白，尾部可能坏死	黄白色，水样有气泡，恶臭，pH 7.0~8.0	母猪不感染，初产母猪所产仔猪比经产母猪严重	渐进性发作，缓慢传染全舍，后产的仔猪发病较先产的仔猪严重	常与管理差、环境脏、非最佳环境温度有关
流行性传染性胃肠炎	1日龄以上，各种年龄可同时发生	接近100%	1周龄以下接近100%，4周龄以上几乎为0	寒冷的季节，如11—4月	呕吐、脱水	黄白色（可能浅绿色），水样，有特殊的气味，pH 6.0~7.0	母猪厌食，可能呕吐，粪便软，无乳，迅速传播至其他猪	暴发，所有窝同时发生	
地方性传染性胃肠炎	6日龄或更大	中等，10%~50%	低，0~20%	无	呕吐、脱水	黄白色（可能浅绿色），水样，有特殊的气味，pH 6.0~7.0	母猪通常不发病，哺乳猪可能腹泻	整窝散发，慢性经过	经常引猪、连续产仔、特大猪场
球虫病	5日龄以内的仔猪不发病，常见于6~15日龄，尤其是7日龄	不一，最高可达75%	通常低	8月和9月为高峰期	体瘦，被毛粗，断奶时体重较轻	糊状，大量水样、黄灰色、恶臭、pH 7.0~8.0，有些猪腹泻，其他猪可见“绵羊粒”粪便	母猪正常	传染慢，逐渐发病	硬地板

（续表）

疾病	出现症状的日龄	发病率	死亡率	季节	仔猪其他症状	腹泻外观	其他猪症状	发病及经过	有关因素
轮状病毒性肠炎	1~5周龄	不一，最高可达75%	低，一般5%~20%	无	偶见呕吐，为糊状混有黄色凝乳状物	pH 6.0~7.0	母猪很少发病	流行性：突然发生，传播迅速；地方性：与传染性胃肠炎相似	
A型或C型产气荚膜梭菌PA：最急性；A：急性；SA：亚急性；C慢性	通常1~7日龄，PA：1日龄；A：3日龄；SA：5~7日龄；C：10~14日龄	每窝1~4头猪表现症状，一般最健康的仔猪最易发生	急性感染仔猪100%死亡，慢性感染存活率较高	无	PA：俯卧呈滑水状，偶见呕吐；SA和C：体瘦，被毛粗	PA：水样、黄色至血色腹泻；A：淡红棕色水样粪便；SA：水样，黄色至灰色粪便，无血色粪便；C：黄色至灰色黏液	母猪正常	缓慢传播整个产房，4种症状可同时见于不同窝	常见于引进新猪后第一次暴发
其他梭菌病	通常1~7日龄	发病率10%~90%，2/3的产房发病，每窝1/3仔猪发生	最高可达50%，一般20%	无	无任何症状突然死亡，有时呼吸困难，腹部扩张，阴囊水肿	黄色黏液状至水样	母猪正常		出生时用抗生素治疗
类圆线虫	4~10日龄		最高可达50%	无		呼吸困难，中枢神经系统症状	母猪正常		美国南方诸州
猪痢疾	7日龄以上，尤其是2周龄	窝中散发	低	夏末和秋天	无脱水	水样带血和黏液、呈黄色至灰色	母猪正常，较大猪可见腹泻		第一次暴发常见于引猪后

（续表）

疾病	出现症状的日龄	发病率	死亡率	季节	仔猪其他症状	腹泻外观	其他猪症状	发病及经过	有关因素
沙门氏菌病	3周龄				败血症	黏液带血			
猪丹毒	通常1周龄以上	整窝散发	中度至高度			水样			母猪未免疫
流行性伪狂犬病	任何日龄，在日龄小的猪较严重	可高达100%	高，50%~100%	冬季	呆滞、流涎、呕吐、呼吸困难、共济失调、中枢神经系统症状		中枢神经系统症状、流产	在以前未感染的猪群暴发	
低血糖（无乳症）	产后无乳，1~3日龄，腹线不好，2~3周	不一，5%~15%的窝数发病	在发病窝中较高		虚弱、无活力、体温低、中枢神经系统症状	水样	母猪无乳，食欲差，乳房炎、乳头内翻		地面滑，产房板条箱设计不当或者调节不当，母猪未除去犬齿
弓形虫病	任何年龄	不一	不一		呼吸困难，中枢神经系统症状	水样	母猪正常		
猪流行性腹泻	任何年龄	不一，但通常高	中度至高度		呕吐、脱水	水样	较大猪可见严重的症状	暴发，快速传播	

表6-3 仔猪腹泻病剖检主要病理变化

疾病	肉眼剖检病理变化	显微镜检	诊断
大肠杆菌病	胃充盈，乳糜管内有脂肪，肠充血或不充血，肠壁轻度水肿，肠扩张充盈液体，黏液和气体	无病变	显示大肠杆菌黏附于肠壁上，每毫升小肠液可培养出 10^4 菌落，证明有毒素
传染性胃肠炎	乳糜管中无脂肪，肠内有黄色液体和气体，肠血管充血，小肠壁变薄，胃壁出血。胃内容物：刚出生的2~3天为乳，4~5天是绿色黏液	空肠、回肠肠绒毛严重萎缩，可能有肾病	小肠做荧光抗体检查，肠内容物直接电镜检查，病毒分离
球虫病	纤维素性坏死性伪膜，尤其是空肠和回肠。大肠无病变	轻度至重度肠绒毛萎缩，纤维素性坏死性膜	空肠或回肠黏膜涂片，瑞氏、姬姆萨或新甲基蓝染色，检查裂殖子
轮状病毒性肠炎	胃内有奶或凝乳块，肠壁变薄并充满液体，盲肠、结肠扩张，乳糜管内有不等量的脂肪	空肠、回肠有中度的肠绒毛萎缩	小肠做荧光抗体检查，肠内容物直接电镜检查，病毒分离
A型或C型产气荚膜梭菌	病变见于空肠、回肠。最急性：肠壁出血，肠内有血样液体，浆液血性腹腔液，腹膜淋巴结出血。急性：空肠壁黏膜变厚、坏死、气肿，有坏死性膜；亚急性和慢性：少见出血，膜变厚	肠壁广泛出血，黏膜坏死，可见革兰氏阳性杆菌	黏膜涂片革兰氏染色检查，可见阳性杆菌，组织病理学检查，微生物培养并鉴定毒素
艰难梭菌	结肠系膜水肿	结肠病变：固有层化脓灶，节段性黏膜糜烂，可见革兰氏阳性大杆菌	病原分离。A和B毒素
类圆线虫	肠黏膜点状出血，偶见肺出血		粪便检查虫卵
猪痢疾	局限于大肠壁的病变：充血、水肿、轻度腹水，黏膜为黏液纤维素性、出血性，常有伪膜	表层坏死和出血	培养、组织病理学
沙门氏菌病	整个胃肠道卡他性、出血性、坏死性肠炎，实质器官和淋巴结出血和坏死，肝脏局灶性坏死，胃肠道弥漫或局灶性溃疡	肠黏膜溃疡，肝和脾脏有坏死灶	培养、组织病理学
低血糖	胃空虚，乳糜管内无脂肪	无病变	典型症状，查无病原
伪狂犬病	坏死性扁桃体炎，咽炎，肝脏和脾脏坏死灶，肺充血	非化脓性脑膜炎，血管周围套	从冻存的扁桃体和脑分离病毒，荧光抗体检测，血清学检查
弓形虫病	肠溃疡、各器官可见坏死灶，淋巴结炎	局灶性坏死区	组织学和虫体检查，血清学检查

二、防治

防治仔猪腹泻，主要应采取综合防治措施，如改善饲养、加强管理、血清制剂或疫苗的免疫预防、口服补液盐等。并针对导致仔猪腹泻的具体病因，采取不同的综合性防治措施。

1. 病毒性腹泻的防治

主要通过加强饲养管理和疫苗预防加以防治。由于本病的发生发展与饲养管理密切相关，因此，保持猪舍及用具清洁卫生，加强环境卫生消毒工作，注意仔猪的防寒保暖，把握好仔猪初乳关，增强母猪和仔猪的抵抗力，是预防本病的重要措施。一旦发病，发病猪应立即隔离到清洁、干燥和温暖的猪舍中，加强护理，及时清除粪便和污染物，防止病原的传播。

猪轮状病毒病防治要点是注意供给乳猪充分的初乳和母乳，使乳猪获得被动免疫；由于大多数母猪在初乳和乳汁中含有有效的抗轮状病毒抗体，所以应在哺乳仔猪肠道有母源抗体保护时，有意使小猪接触感染病毒以刺激产生主动免疫；注意使用口服补液盐防止脱水补充养分；加强环境消毒和卫生。国内目前开展了轮状病毒基因工程乳酸菌疫苗的研究，还未在生产中大量采用。

传染性胃肠炎和流行性腹泻的防治措施：给予口服补液盐，注意保暖和保持仔猪舍干燥卫生，仔猪初生前 6 小时应给予足够的初乳。在母猪产前 20 天应用传染性胃肠炎-流行性腹泻二联灭活苗，后海穴注射有良好效果。弱毒苗存在散毒的危险，应严格控制，在未发病猪场不免。

其他病毒性腹泻均可采用对症治疗，如投服收敛止泻剂，口服补液盐，使用抗生素和磺胺类药物等防止继发感染，静脉注射葡萄糖盐水（5%~10%）和碳酸氢钠注射液（3%~10%）治疗脱水和酸中毒，供给大量清洁饮水和易消化饲料，加强护理，一般都可收到良好效果。

2. 细菌性腹泻的防治

主要从饲养卫生管理、疫苗预防和药物防治 3 方面采取综合防治措施。

(1) 饲养管理　坚持自繁自养原则，严格控制引种，抓好母猪产前产后和仔猪的饲养管理和护理，新生仔猪尤其要注意防寒保暖和及早哺喂初乳，保护饲料和饮水的清洁卫生，消除各种诱发病因。

(2) 疫苗预防　仔猪副伤寒在 30~40 日龄首免，70 日龄进行二免。

猪场用大肠杆菌 K88、K99 双价基因工程苗免疫保护率可达 90%，具有较好免疫效果，对种母猪在产前 14~21 天，对发病严重的猪场在猪出生后 1~2 天、12~20 天分别接种。

仔猪红痢的免疫主要是通过对母猪的免疫，使哺乳仔猪获得被动免疫，可以使用 C 型魏氏梭菌类毒素和 C 型魏氏梭菌菌苗进行免疫：C 型魏氏梭菌类毒素免疫通常是怀孕中期和产前半个月两次免疫，第二胎后产前 2~3 周加强免疫一次即可；C 型魏氏梭菌菌苗则是在产前 1 个月和半个月两次免疫。另外，本病还可用高免血清注射初生仔猪来进行预防。连续产仔的母猪，因前一胎已在分娩前注射过本苗，因此只需在分娩前半个月注射 1 次，剂量 3~5 毫升，即可使仔猪获得被动免疫。

(3) 药物防治　临床菌株耐药现象十分普遍，且以多重耐药为主，建议用药前先做药物敏感试验。

3. 寄生虫性腹泻的防治

合理的驱虫程序是防治该类疾病的基础。驱虫程序：35~70 日龄的仔猪应进行 1~3 次驱虫，怀孕母猪应在产前 3 个月和产前 1 周进行驱虫，后备、空怀猪及种公猪，每年驱虫 3~4 次，育肥猪应在春秋两季对全群猪各驱虫 1 次。经常清扫猪圈，将猪粪集中储粪池发酵消灭虫卵、幼虫或卵囊。

(1) 驱虫药物　体内外寄生虫可选用伊维菌素+阿苯达唑为主要成分的效果较好；单纯猪体外驱虫，选用双甲脒乳油，针对于疥螨、虱、蜱，按比例稀释后均匀喷洒于猪体和圈舍的地面、墙壁。务必保证猪体和地面、墙壁微微潮湿才能有效。1 周后再重复 1 次，效果最好。

(2) 使用方法　为便于药物的吸收和促进采食，驱虫给药前，猪群停喂一餐。将药物与饲料拌匀，让猪一次吃完。若适口性不好，猪不吃，可在饲料中加入少量糖或甜味剂。猪群用药，首先计算好用药量（严格按照厂家推荐剂量），均匀拌入饲料中。驱虫一个疗程一般为 7 天，同时要在固定地点饲喂，以便对场地进行清理和消毒。

体外用药：计算好用药量（严格按照厂家推荐剂量），稀释后使用喷雾器或清洗机喷雾，均匀全面喷洒到猪体及圈舍的地面、墙壁。

（3）疗程和剂量　口服给药连续饲喂 1 周，间隔 7～10 天再饲喂 1 个疗程；体外喷洒药物驱虫在使用 1 次后，间隔 7～10 天再重复 1 次。

（4）猪群驱虫注意事项　驱虫药视猪群情况、药物性能等灵活掌握；同时驱体内外寄生虫时一般采用伊维菌素或阿维菌素、阿苯达唑等混饲，连喂 1 周，间隔 7～10 天再饲喂 1 个疗程。只驱体外寄生虫时一般采用双甲脒等体外喷雾；使用驱虫药物时不可随意加大剂量，务必混合均匀，避免中毒。使用剂量过大，虫体在体内破碎，大量卵囊逸出排到环境中，导致猪只再次严重感染，加重寄生虫病危害。这也是很多猪场寄生虫病反复感染甚至驱虫后短时间感染加重的原因；驱虫后猪舍卫生要及时彻底清除，7 天内的粪便集中堆积发酵。这对提高驱虫效果至关重要，否则排出的虫体和虫卵又被猪食入，导致二次感染。地面、墙壁使用 20% 的石灰水消毒，减少二次感染的机会；驱虫用药后要特别注意对猪群的护理。给药后，仔细观察猪对药物的反应，出现异常及时处理。商品猪驱虫前要健胃，驱虫后做消炎处理。

（5）驱虫前后的健胃消炎　驱虫前使用健胃散进行健胃处理，减少胃肠黏膜的脱落，剂量按照所选药品说明书使用；驱虫后，使用抗生素（如阿莫西林/多西环素等）进行消炎；健胃、驱虫、消炎药按疗程使用完毕后，适当补充矿物质和维生素类添加剂，可以促进仔猪快速生长。

4. 非传染性腹泻的防治

（1）加强饲养，防止营养因子缺乏　妊娠母猪饲喂全价饲料，保持营养平衡，防止维生素 A、维生素 D、维生素 C、维生素 E、微量元素及矿物质的缺乏，以保证胎儿正常发育。同时，为使免疫母猪尽可能多地给仔猪提供特异性抗体，可在母猪饲料中添加维生素 E。在配种前 15 天内及妊娠期间，在母猪日粮中加入适量低分子脂肪酸，可显著提高初乳中总蛋白质和不饱和脂肪酸含量，从而增强仔猪抗御病原体，特别是肠道病原体的能力，减少断奶前肠道疾病造成的损失，防止腹泻的发生。仔猪出生后，让其及早（15 分钟内）吃上初乳，获得被动免疫保护。同时，在断奶前后的仔猪日粮中适当补充矿物质、微量元素、维生素、有机酸（如 1.5%~2%的醋酸等）微生态制剂和复合酶制剂（主要有乳酸菌、双歧杆菌、酵母菌、蜡样芽孢杆菌等），既可防止仔猪营养因子缺乏，又可弥补其内源性消化酶不足，保护胃内酸度，提高胃蛋白酶活性，提高饲料粗蛋白的消化率，促进营养物质消化和吸收，加快仔猪生长发育，有效地预防和降低仔猪腹泻，仔猪出生后应及时补铁、补硒、维生素 E，有效地防治仔猪营养性贫血和硒缺乏症，但补铁和补硒应间隔 7 天以上，以防二者拮抗。

（2）加强管理，减少应激反应　仔猪自身神经调节和体温调节机能尚不完善，对各种应激因素的刺激适应较差，易造成消化机能紊乱而引起腹泻。因此，保持室内温度和一定湿度，避免温度骤然升降，加强环境卫生消毒工作，保持分娩舍、保育舍清洁、卫生、干燥。逐渐更换饲料（一般要求 7 天左右逐渐更换饲料）避免引起仔猪腹泻和各种应激反应对预防仔猪腹泻至关重要。

（3）减少蛋白质含量，降低日粮抗原反应　一般在 7 日龄左右，仔猪开始采食全价配合饲料。在断奶前每头至少补饲 600 克，使仔猪在断奶前胃肠系统得到加强和健全，以适应断奶后采食饲料，尤其是植物性饲料，建立对饲料粗蛋白的免疫耐受性，减少过敏反应。同时，在保证仔猪生长发育所必需氨基酸的条件下，蛋白质不能过高，粗蛋白含量最好控制在 19%以内，可减少肠内蛋白质因消化不良造成的腐败和仔猪断奶后腹泻。

第二节 呕 吐

呕吐是胃内容物经口排出，应与食物经吞咽后未达到胃又经过口排出的返流相区别。通过检测排出物的 pH 值可以区别呕吐还是返流。pH 值是酸性为呕吐；pH 值是碱性为返流。在猪圈里，可以看到猪有呕吐的动作或者地面有呕吐物。

一、诊断方法

1. 未断奶猪

未断奶仔猪呕吐（表 6-4）是血凝性脑脊髓炎、猪流行性腹泻和传染性胃肠炎突出的临床症状。感染轮状病毒性肠炎、伪狂犬病、猪瘟、非洲猪瘟等疾病也可见呕吐症状，但是感染了大肠杆菌病则少见呕吐症状。仔猪有呕吐症状通常是因为病毒性感染引起的。确诊猪仔呕吐的原因最好先确定疾病所感染的机体系统，然后在涉及该系统的疾病之间进行鉴别。

表 6-4 引起未断奶仔猪呕吐的主要疾病

疾病	发病日龄	呕吐明显程度	主要侵害的系统[a]	其他症状	母猪症状
血凝性脑脊髓炎：脑炎型	4~14 日	突出	神经	嗜睡、扎堆、便秘、发绀、咳嗽、磨牙、步态僵硬、触摸时尖叫并呈划水状，后肢部分麻痹，抽搐	无
血凝性脑脊髓炎：呕吐和衰竭型	4~14 日	突出	全身性	渴但不能饮水，生长不良，可能先腹泻后便秘	无
传染性胃肠炎	所有日龄，日龄小的猪较严重	突出	胃肠	多量，水样腹泻	正常或厌食，呕吐、腹泻

（续表）

疾病	发病日龄	呕吐明显程度	主要侵害的系统[a]	其他症状	母猪症状
猪流行性腹泻	所有日龄，日龄小的猪较严重	突出	胃肠	多量，水样腹泻	正常或厌食，呕吐、腹泻
伪狂犬病	所有日龄，日龄小的猪较严重	中等频度	神经	呼吸困难，大量流涎、腹泻、震颤、中枢神经系统症状，癫痫	正常或咳嗽，厌食、便秘，神经症状
轮状病毒性肠炎	少见于哺乳仔猪	偶见	胃肠	水样腹泻	无
猪瘟	所有日龄	中等频度	全身性	嗜睡、发绀、发热、腹泻、出血	与仔猪症状相似
非洲猪瘟	所有日龄	中等频度	全身性	嗜睡、发绀、发热、腹泻、出血	与仔猪症状相似

a：为进一步鉴别，参阅神经系统、全身和胃肠疾病的章节

2. 断奶猪和育成猪

断奶猪和育成猪呕吐（表 6-5）也常与病毒感染有关，也可能是因为中毒后毒素或者对胃肠道产生局部刺激的因子引起的（表 6-6）。通常呕吐还会伴随其他的症状，这些症状有助于诊断。

表 6-5 引起断奶仔猪和成年猪呕吐的主要疾病

疾病	发病日龄	呕吐明显程度	主要侵害的系统[a]	其他症状		
				保育舍的猪	架子猪	成年猪
传染性胃肠炎	所有日龄，日龄小的猪较严重	日龄小的猪中度，偶见于大猪	胃肠	水样腹泻，脱水、厌食可达 1 周	无食欲，腹泻 1 天至数天	短期厌食，轻度腹泻，泌乳猪可能无乳、腹泻
猪流行性腹泻	所有日龄，日龄小的猪较严重	日龄小的猪中度，偶见于大猪	胃肠	水样腹泻 4~6 天，脱水	沉郁、厌食、水样腹泻	厌食

(续表)

疾病	发病日龄	呕吐明显程度	主要侵害的系统[a]	其他症状		
				保育舍的猪	架子猪	成年猪
伪狂犬病	所有日龄，日龄小的较严重	偶见	神经	中枢神经系统症状	喷嚏、咳嗽、厌食、便秘、偶有神经症状，妊娠母猪可能流产	
轮状病毒性肠炎	保育舍的猪，特别是断奶后	偶见	胃肠	腹泻、脱水	此年龄猪无临床症状	
引起呕吐的毒素 T-2，双乙酸基草烯醇	所有日龄	中等频度	胃肠	贫血、腹泻（可能带血），生长不良，增重慢，偶尔拒食		
猪瘟	所有日龄	中等频度	全身性	嗜睡、厌食、眼分泌物、先便秘后腹泻，摇晃、步态蹒跚、扎堆、后肢部分麻痹、发绀、流产		
非洲猪瘟	所有日龄	偶见	全身性	嗜睡、充血、呼吸困难、黏液状至血样腹泻，流产		
最急性胸膜肺炎放线杆菌	所有日龄，暴发常见于育肥猪	偶见	呼吸	呼吸困难，咳嗽，口鼻流出血色液体，发绀		
炭疽　咽型	所有日龄	中等频度	全身性	颈部水肿，呼吸困难、沉郁		
肠型	所有日龄	中等频度	全身	厌食、血样腹泻		
类圆线虫	断奶仔猪至育肥猪	偶见	胃肠	胃肠腹泻、迅速消瘦、厌食、贫血		

（续表）

疾病	发病日龄	呕吐明显程度	主要侵害的系统[a]	其他症状		
				保育舍的猪	架子猪	成年猪
胃溃疡	育肥猪至成年猪	偶见	胃肠	不常见	贫血、煤焦油样粪便、磨牙，体重减轻	
毛粪石，异物	育肥猪至成年猪	偶见	胃肠	不常见	喂料系统下垂，饲料洒落在猪背上	
硫胺缺乏	通常仅见于试验性的	中等频度	全身	厌食、生长缓慢，腹泻、发绀		
核黄素缺乏	通常仅见于试验性的	中等频度	全身	生长缓慢，白内障，步态僵硬，皮肤生鳞屑，发疹，溃疡和脱毛		

a：为进一步鉴别，参阅神经系统、全身和胃肠疾病的章节

表 6-6　与呕吐相关的中毒

毒素	受侵害的系统	猪可能中毒的原因
无机砷	胃肠和中枢神经系统	诱蚁剂、除草剂、杀虫剂
锑	胃肠	合金、涂料、吐酒石
镉	胃肠	涂料、焊料、电池、杀真菌药
氟	胃肠和运动系统	工业废物污染饲料和水源
左旋咪唑	胃肠和中枢神经	驱肠道寄生虫药
哌嗪	胃肠	驱肠道寄生虫药
有机磷酸盐氨基甲酸酯	神经	杀虫剂
卡巴多司	胃肠	猪痢疾治疗
乙二醇	神经	防冻液
黑茄碱	胃肠和中枢神经	树林或永久草地中的茄科植物

二、防治

1. 脑脊髓炎脑炎

首先，以治疗脑炎为主，给发病的猪头部喷洒凉水，以达到降低颅内压的作用，继而肌内注射磺胺间甲氧嘧啶钠，以猪实际体重加1倍量注射，每天1次连用5天；其次，根据发病的病因和感染源不同，联合应用林可霉素和阿莫西林，安痛定协同治疗，以达到标本兼治的效果（如果是细菌引起的脑炎，治疗上如不采用这种协同用药方法，多数预后不良）。

2. 伪狂犬病

最主要的方法是做好伪狂犬疫苗的接种，制定好接种的时间，有条件的猪场还可以定期地对疫苗的抗体水平做检测，确保猪自身有足够的免疫力。

3. 轮状病毒性肠炎

目前无特效的治疗药物，仔猪发现立即停止喂乳，以葡萄糖盐水或复方葡萄糖溶液（葡萄糖43.20克、氯化钠9.20克、甘氨酸6.60克、柠檬酸0.52克、柠檬酸钾0.13克、无水磷酸钾4.35克，溶于2升水中即成）给病猪自由饮用。

同时，进行对症治疗，如投用收敛止泻剂，使用抗菌药物，以防止继发细菌性感染，一般都可获得良好效果。

4. 猪瘟

定期做好猪瘟疫苗接种才是预防该病的重点，同时配合对症治疗。

5. 最急性胸膜肺炎放线杆菌病

接种疫苗。疫苗是控制猪胸膜肺炎放线杆菌感染的有效手段，使用方法是注射2毫升/头，注射1次后，间隔14~20天再加强免疫1次，免疫期为6个月。

药物防治可以选择2%氟苯尼考饮水，配合强力霉素，再加电解多维，连喂7天，无论从预防和治疗角度来讲，均有较好效果。用药7天后停药7天，以免产生耐药性，然后再循环使用，效果最佳。

第三节 直肠脱

一、原因

直肠脱的常见原因见表6-7。

表 6-7 仔猪直肠脱的常见原因

原因	评价
腹泻	直肠内异常酸性粪便引起刺激，里急后重和脱垂。鉴别与治疗见前述内容
咳嗽	咳嗽时腹压增加（特别是慢性长时间的咳嗽）引起直肠易位。诊断与治疗见咳嗽有关内容
扎堆	环境温度太低，扎堆在底部的猪腹部受压引起脱垂
玉米赤霉烯酮	雌激素引起会阴部肿胀，里急后重和脱垂
地面设计	笼养母猪的地面坡度过大，随妊娠发展对母猪的骨盆结构压力增大
抗生素	有报道称猪在吃添加有林肯霉素或泰乐菌素的饲料后几周内发生直肠脱，当猪对抗生素明显适应后脱垂停止
遗传因素	有零星文献报道某些公猪后代中出现群发
产后	围产期复杂的病因
产前	便秘和妊娠子宫重量的压力
与里急后重有关的各种情况	尿道炎、阴道炎、配种造成的直肠或尿道损伤，尿道结石，日粮中盐分过多

二、防治

1. 预防

对断奶仔猪应加强饲养管理，喂给柔软饲料，保证提供充足的蛋白质和青绿饲料，平时应适当运动，饮水要充足。对仔猪应经常观察，发现便秘或腹泻要及时治疗，可控制本病的发生。

2. 治疗

发病初期，先用0.25%温热的高锰酸钾溶液或1%明矾溶液或温花椒水等清洗患部，除去污物或坏死黏膜，然后提起猪的两后肢，使其头部朝下，用手指谨慎地将脱出的肠管还纳复位。为防止再脱出，可在肛门行荷包缝合，收紧缝合线时留出一指粗的排粪口，打成活结，随时调整肛门孔的大小。经7~10天病猪不再努责时，可将缝合线拆除。

第四节　呼吸困难和咳嗽

一、诊断

1. 未断奶仔猪

未断奶仔猪呼吸困难（表6-8）一般是由于贫血或者肺炎引起，特别是与繁殖和呼吸综合征有关。伪狂犬病和弓形虫病也能引起呼吸困难的症状。

表6-8　引起未断奶仔猪呼吸困难的疾病

常见疾病	发病日龄	症状	剖检变化
缺铁性贫血	1.5~2周龄或更大	体温正常，体表苍白，易因活动而疲劳。呼吸频率快，被毛粗	心扩张，有大量心包液，肺水肿，脾脏肿大
繁殖和呼吸综合征	所有日龄	呼吸困难，张口呼吸，发热，眼睑水肿，仔猪衰竭综合征	褐色斑状，多灶性至弥漫性肺炎，胸部淋巴结水肿增大
支气管败血波氏杆菌肺炎	3日龄或更大	咳嗽，衰弱，呼吸快，发病猪死亡率高	全肺分布有斑状肺炎病变
细菌性肺炎、副猪嗜血杆菌、多杀性巴氏杆菌、胸膜肺炎放线杆菌、或猪肺炎支原体、猪放线杆菌	1周龄或更大	呼吸困难，咳嗽	因病原而异，常见出血和纤维素

（续表）

常见疾病	发病日龄	症状	剖检变化
伪狂犬病	所有日龄	呼吸困难，发热、流涎、呕吐、腹泻、神经症状，高死亡率	肺炎、肠溃疡，肝脏肿大，各器官有白色坏死灶
弓形虫病	所有日龄	呼吸困难，发热，腹泻，神经症状	肺炎、肠溃疡，肝脏肿大，各器官有白色坏死灶
链球菌	1周龄或更大	呼吸困难，咳嗽	纤维素性肺炎

猪繁殖和呼吸综合征可引起初生仔猪和哺乳仔猪呼吸困难、不规则腹式呼吸、张口呼吸、不愿活动和仔猪衰竭综合征。仔猪的呼吸症状比较常见于猪群最初感染繁殖和呼吸综合征时，但也可见于一些慢性感染的猪群中的疾病复发。贫血能引起未断奶仔猪用力呼吸。缺铁性贫血是个逐渐发展的过程，仔猪在1.5~2周龄时症状比较明显，随后症状加重。

细菌性肺炎较少见于猪仔，但一旦感染，早在3日龄便可出现症状。咳嗽是肺炎的一个突出症状，但是贫血时则不咳嗽。贫血的猪比患肺炎的猪显得苍白。剖检时，贫血猪的心脏扩张，有大量心包液，脾脏肿大，肺水肿，但是没有其他的肺部病理变化。仔猪细菌性肺炎可由放线杆菌、巴氏杆菌、波氏杆菌或链球菌感染引起。在这些病原的鉴别上，小猪与大猪的方法相同。支气管败血性波氏杆菌引起的小猪支气管肺炎，主要是在肺脏的尖叶和心叶有斑状病灶，有时也见于肺脏的背面。

由伪狂犬病、弓形虫病、猪瘟和非洲猪瘟引起的呼吸症状通常是继发于全身性或神经症状的。

2. 断奶猪和成年猪

大部分断奶猪和架子猪（表6-9）的呼吸道疾病是由寄生虫、细菌或者病毒侵害肺部引起的。母猪的呼吸道问题常常是由于贫血或者导致体温大幅度升高的原因等引起的。如果涉及传染性病原，则大多是病毒引起的，有些情况除外，如在有细菌感染（尤其是胸膜肺炎放线杆菌）的猪场，引进未接触过这些细菌的猪时也会发生呼吸道症状。

表 6-9 断奶至架子猪、育成猪呼吸困难和咳嗽的疾病

临床症状	常见相关病因	尸体剖检	诊断
症状主要与呼吸道有关，呼吸困难、咳嗽、厌食、发热、腹式呼吸，感染猪群症状严重程度不一	猪肺炎支原体、胸膜肺炎放线杆菌、猪霍乱沙门氏菌，支气管败血波氏杆菌、伪狂犬病、蓝眼病、猪鼻支原体、猪多杀性巴氏杆菌、副猪嗜血杆菌、猪链球菌、链球菌	病变一般分布于前腹侧。组织硬变区伴有程度不一小叶内水肿，纤维素性胸膜炎揭示有胸膜肺炎放线杆菌、副猪嗜血杆菌、多杀性巴氏杆菌、猪鼻支原体或猪霍乱沙门氏菌	微生物培养、荧光抗体检查猪肺炎支原体，血清学检查伪狂犬病
	繁殖和呼吸综合征病毒、猪流感病毒	褐色至斑状间质性肺炎，淋巴结肿大、水肿呈褐色	病毒分离，血清学、免疫过氧化物酶，PCR
临床经过快，发热、厌食、沉郁、严重呼吸困难，张口呼吸，发绀，从口鼻排出带血色的泡沫	胸膜肺炎放线杆菌	肺弥漫性急性出血性坏死，特别是隔叶背侧。纤维素性胸膜炎、胸腔内有血色液体，气管中有带血的气泡	细菌分离、血清学、病理学
咳嗽、其他症状轻微	猪蛔虫	肺萎缩、出血、水肿、气肿，肝小叶间隔和间隔周缘出血和坏死	检查粪便中的虫卵（早期可能是阴性），尸体剖检，接触泥土史（对于后圆线虫绝对需要）
	后圆线虫	隔叶后腹缘有支气管炎和细支气管炎，有萎陷区	

二、防治

1. 繁殖和呼吸综合征

断奶仔猪染病后，主要表现为厌食、嗜睡、咳嗽、呼吸困难，有些猪双眼肿胀，出现结膜炎和腹泻，有些断奶仔猪表现下痢、关节炎、耳朵变红、皮肤有斑点。病猪常因继发感染胸膜炎、链球菌病、喘气病而致死。如果不发生继发感染，生长肥育猪可以康复。

哺乳期仔猪染病后，多表现为被毛粗乱、精神不振、呼吸困难、气喘或耳朵发绀，有的有出血倾向，皮下有斑块，出现关节炎、败血症等症状，死亡率高达60%。仔猪断奶前死亡率增加，高峰期一般持续8~12周，而胚胎期感染病毒的，多在出生时即死亡或生后数天死亡，死亡率高达100%。

对于体温升高的病猪，可以使用30%安乃近注射液20~30毫升，地塞米松25毫克，青霉素320万~480万单位，链霉素2克，一次肌内注射，每日2次；对食欲不振的病猪，使用胃复安1毫克/千克体重，维生素B_1 20毫升，一次肌内注射，每天1次；对继发支原体肺炎的仔猪，可使用壮观霉素或利高霉素15毫克/千克肌内注射1~2个疗程，每个疗程5天。

猪繁殖与呼吸综合征的控制是世界养猪业的一大难题。要坚持自养自繁的原则，建立稳定的种猪群，不轻易引种；规模化猪场应彻底实现全进全出，至少要做到产房和保育两个阶段的全进全出；建立健全规模化猪场的生物安全体系，定期对猪舍和环境进行消毒，保持猪舍、饲养管理用具及环境的清洁卫生；做好猪群饲养管理；适当使用药物控制猪群的细菌性继发感染；做好其他疫病的免疫接种，控制好其他疫病，特别是猪瘟、猪伪狂犬病和猪气喘病；定期对猪群中猪繁殖与呼吸综合征病毒的感染状况进行监测，以了解该病在猪场的活动状况；对发病猪场要严密封锁；慎重使用活疫苗、灭活疫苗进行免疫，在感染猪场，可以考虑给母猪接种灭活疫苗。

2. 弓形虫病

本病由弓形虫引起。3~5月龄的猪多呈急性发作，症状与猪瘟相似，体温升高到40~42℃，呈稽留热型，精神沉郁；食欲减退或废绝，便秘，有时下痢，呕吐；呼吸困难，咳嗽；体表淋巴结，尤其是腹股沟淋巴结明显肿大；身体下部及耳部有淤血斑或大面积发绀；孕猪发生流产或死胎。剖检可见肺稍膨胀，暗红色带有光泽，间质增宽，有针尖到粟粒大出血点和灰白色坏死灶，切面流出多量带泡沫的液体；全身淋巴结肿大，灰白色，切面湿润，有粟粒大、灰白色或黄白色坏死灶和大小不一的出血点；肝、脾、肾也有坏死灶和出血点；盲肠和结肠有少数散在的浅溃疡，淋巴滤泡肿大或有坏死，心包、胸腹腔液增多。

发病初期即采用复方磺胺嘧啶钠注射液，按每千克体重 0.2 毫升（10 毫升内含磺胺嘧啶钠 1 克）肌内注射，首次剂量加倍，每日 1 次。连用 2 天后体温陆续下降，5~7 天后体温、食欲恢复正常。尚未表现症状的猪，可在饲料中添加复方盐酸多西环素可溶性粉，效果显著。

目前已知的弓形虫病都是由猫的粪便中而来的，所以猪圈内应该严禁养猫；发病初期就要及时对病猪进行用药，如果用药较晚，很有可能成为虫卵的携带者。

3. 猪蛔虫病

猪蛔虫病是由猪蛔虫寄生在猪的小肠中而引起的一种常见寄生虫病，主要危害 3~5 月龄的猪，造成生长发育停滞，形成“僵猪”，甚至造成死亡。

临床表现为咳嗽、呼吸增快、体温升高、食欲减退和精神沉郁。病猪俯卧在地，不愿走动。幼虫移行时还引起嗜酸性粒细胞增多，出现荨麻疹和某些神经症状之类的反应。成虫寄生在小肠时可机械性地刺激肠黏膜，引起腹痛。蛔虫数量多时常聚集成团，堵塞肠道，导致肠破裂。有时蛔虫可进入胆管，造成胆管堵塞，引起黄疸等症状。成虫夺取宿主大量的营养，影响猪的发育和饲料转化。大量寄生时，猪被毛粗乱，常是形成“僵猪”的一个重要原因，但规模化猪场较少见。

可用饱和盐水漂浮法检查虫卵。1 克粪便中，虫卵数达 1 000 个时，可以诊断为蛔虫病。

治疗时，用左旋咪唑 8 毫克/千克体重。驱虫前禁食 12~18 小时，晚上 7~8 时将药物和食料拌匀，让猪一次吃完。若猪不吃，可在饲料中加入少量盐水或糖精，以增强适口感。投喂时应尽量采用单独投喂方式，驱虫期间（一般为 5 天）要在固定地点饲喂、圈养，以便及时清理粪便和消毒。也可用丙硫咪唑 20 毫克/千克体重内服，或阿维菌素或伊维菌素 0.3 毫克/千克体重皮下注射，或奥芬达唑 4 毫克/千克体重、甲苯咪唑 20 毫克/千克体重、醋石酸噻嘧啶 22 毫克/千克体重、噻苯达唑 70 毫克/千克体重一次内服。

在规模化猪场，要对全群猪驱虫；以后公猪每年驱虫2次；母猪产前1~2周驱虫1次；仔猪转入新圈时驱虫1次；新引进的猪需驱虫后再和其他猪并群。产房和猪舍在进猪前应彻底清洗和消毒。母猪转入产房前要用肥皂清洗全身。在散养的育肥猪场，对断奶仔猪进行第一次驱虫，4~6周后再驱一次虫。在广大农村散养的猪群，建议在3月龄和5月龄各驱虫1次。驱虫时应首选阿维菌素类药物。保持猪舍、饲料和饮水的清洁卫生。猪粪和垫草应在固定地点堆积发酵，利用发酵的温度杀灭虫卵。

4. 猪后圆线虫病

又叫肺线虫病，由后圆线虫寄生于猪的支气管和细支气管引起。多发生于仔猪和育肥猪。轻度感染的猪症状不明显，但影响生长和发育。瘦弱的幼猪（2~4月龄）感染虫体较多，而又有气喘病、病毒性肺炎等疾病合并感染时，则病情严重，具有较高死亡率。病猪的主要表现为食欲减少、消瘦、贫血、发育不良，被毛干燥无光；阵发性咳嗽，特别是早晚运动后或遇冷空气刺激时尤为剧烈，鼻孔流出脓性黏稠分泌物，严重病例呈现呼吸困难；有的病猪还发生呕吐和腹泻；在胸下、四肢和眼睑部出现水肿。

治疗用左旋咪唑15毫克/千克体重，1次肌内注射，间隔4小时重用1次；或10毫克/千克体重，混于饲料1次喂服。

流行区猪群春秋各进行一次预防性驱虫，可用左旋咪唑8毫克/千克体重，拌料或饮水；或伊维菌素0.3毫克/千克体重，皮下注射。

第五节　喷　嚏

诊断

1. 未断奶仔猪

未断奶仔猪喷嚏（表6-10）可由萎缩性鼻炎、猪巨细胞病毒感染、猪繁殖和呼吸障碍综合征、血凝性脑脊髓炎（脑炎型）、伪狂犬病或者环境污染物（如尘埃和氨气）等引起。

由多杀性巴氏杆菌、支气管败血波氏杆菌以及别的一些可能的微生物引起的萎缩性鼻炎是未断奶仔猪喷嚏最主要的原因。萎缩性鼻炎很少引起1周龄以下猪喷嚏，但是当仔猪接近断奶时，出现喷嚏症状的增多。除了鼻漏和泪痕以外，萎缩性鼻炎很少引发其他的临床症状。发病的小猪通常健康良好，死亡率也不高。尸体剖检时病理变化仅局限于鼻部，可见到浆液性至脓性或带有血色的渗出物，鼻甲骨萎缩和鼻中隔歪斜。

表 6-10　引起未断奶仔猪喷嚏的疾病

疾病	发病日龄	相关症状	其他猪的症状	尸体剖检	诊断
萎缩性鼻炎	1周龄以下猪无明显症状，快断奶时常见喷嚏	眼下有泪痕，鼻漏	较大猪可能打喷嚏或眼有泪痕，口鼻部变形	鼻甲骨萎缩，鼻中隔歪斜，浆液至脓性鼻渗出液	典型的病例剖检变化，从鼻培养分离产毒多杀性巴氏杆菌
猪繁殖和呼吸障碍综合征	多见于哺乳仔猪，也可见于小猪和架子猪等其他猪群	呼吸困难，眼睑水肿，生长差	不一	轻度鼻炎，无鼻甲骨萎缩，间质性肺炎，淋巴结肿大，呈褐色	病毒分离，血清学，免疫过氧化物酶，聚合酶链式反应（PCR）
环境污染物：氨、尘埃	任何日龄	大量流泪，浅表呼吸，浆液性鼻漏	母猪可见轻度症状	呼吸道上皮轻度炎症	测定环境中尘埃和氨的量
伪狂犬病、血凝性脑脊髓炎	喷嚏是一种轻微的症状，在小猪则神经症状明显，要排除伪狂犬病、血凝性脑脊髓炎请参阅神经性疾病相关章节				

猪巨细胞病毒感染在初生仔猪最严重，3周龄以上的猪一般无临床症状。除了喷嚏以外，发病猪可见下颌或者跗关节周围水肿、发抖、贫血和呼吸困难等症状，死亡率可达25%。母猪可出现死产和木乃伊胎增多。尸体剖检时可见轻度的鼻炎。该病较典型的病理变化包括皮下水肿、广泛的针点状出血点，心包和胸腔积液以及淋巴结肿大。

环境中的尘埃和浓度高于25毫克/千克的氨会刺激呼吸道黏膜，

可引起仔猪大量流泪，浆液性鼻漏和浅呼吸。氨气引发的损伤和与传染病引发的不同，当发病猪由不良的环境转移后其损伤可完全消退。

猪繁殖和呼吸障碍综合征引起的轻度鼻炎和喷嚏多见于哺乳猪，但也可发生于未断奶仔猪或架子猪。

喷嚏可能是伪狂犬病的早期症状，或者是血凝性脑脊髓炎临床症状的一部分。然而，在未断奶仔猪，这两种病迅速发展到神经系统，以至于当兽医赶来时只能对常见的神经系统疾病进行鉴别而作出诊断。

2. 断奶仔猪到成年猪

断奶仔猪到成年猪打喷嚏（表 6-11）主要是由于萎缩性鼻炎、伪狂犬病或环境污染造成，也见于并发感染。少数情况下，猪巨细胞病毒感染哺乳仔猪或架子猪，引起急性、严重的鼻炎，并伴有狭窄的呼吸。几天内，该病不经治疗症状很快消退。

表 6-11　引起断奶仔猪和较大猪喷嚏的疾病

疾病	病程及发病日龄	其他症状	诊断
萎缩性鼻炎	慢性，通常在哺乳仔猪至育肥猪均可见到	结膜炎、眼下有泪痕，口鼻部变形，偶见鼻内出血	剖检：鼻甲骨萎缩，鼻中隔歪斜，从鼻培养和分离产毒多杀性巴氏杆菌
环境污染物：氨、尘埃	慢性，各种日龄均可出现，但多见于日龄小的猪，特别是饲养在坑洼不平的地板条或有尿液积聚的硬地面上	大量流泪，眼下有泪痕，浆液性鼻漏，浅表呼吸	测定环境中氨的浓度是否高于 25 毫克/千克，测定环境中尘埃尤其是饲喂前后
猪繁殖和呼吸障碍综合征	慢性，呼吸性疾病的其他症状通常比喷嚏更突出	咳嗽，呼吸困难，生长不良，轻度鼻炎，无鼻甲骨萎缩	病毒分离，血清学，免疫过氧化物酶，聚合酶链式反应（PCR）
地方性伪狂犬病	慢性，各种日龄猪群均可见，通常在某一个特定日龄猪群较严重	咳嗽	活体动物血清学检验阳性。剖检：鼻炎但是无鼻甲骨萎缩

（续表）

疾病	病程及发病日龄	其他症状	诊断
流行性伪狂犬病	症状出现很急，可能从一群猪开始然后迅速传染至其他猪群。日龄小的猪更严重	咳嗽、厌食、便秘、沉郁、中枢神经系统症状、流涎、呕吐、和抽搐	剖检：特别是大猪，可能看不到病变，或可看到坏死性扁桃体炎，鼻炎，肝脏有1~2毫米的坏死灶

第六节 皮肤异常

养猪生产过程中遇到仔猪身上有疙瘩或皮肤紫一块青一块的现象。这些表现，有些是皮肤病，有些是某些传染病在体表的症状表现。

对皮肤病变应检查皮肤的颜色、增生、病变的分布及其病变部位和正常皮肤的关系。还应该观察患病猪是否有瘙痒。

一、仔猪常见皮肤病的防治

1. 常见皮肤病的发病年龄

见表6-12。

2. 猪葡萄球菌病

猪葡萄球菌，又称为猪渗出性皮炎、猪脂溢性皮炎，是由表皮葡萄球菌引起的，以皮肤出现皮炎病变为病征，是一种猪接触性传染病，属于革兰氏阳性菌，且一年四季都会发生，没有季节性。

病原菌广泛地分布在空气、母猪皮肤、栏舍内，主要通过接触传播和空气传播。病原对外界环境的抵抗力强，但是对消毒剂的抵抗力不强，一般消毒剂都能杀灭本菌。

葡萄球菌主要侵害哺乳仔猪和断奶仔猪，尤其是3~5日龄和15日龄左右的仔猪（这段时间会剪牙、断尾、补铁、阉割。没有注意好消毒、消炎，容易感染病原菌）。本病传染很快，病原菌主要通过伤口、黏膜感染，只要有一头猪出现很快就会出现其他的猪感染。继

表 6-12　一些皮肤病的常发年龄

周龄											
1	2	3	4	8	10	14	18	32	50	100	156
创伤、缺血或外科手术等的伤口的感染											
疥螨和虱											
癣											
蚤，蝇和蚊等的叮咬											
晒伤或光过敏											
脓肿											
坏死杆菌病											
上皮生成不全											
乳头和膝糜烂											
脓疱性皮炎											
血小板减少性紫癜											
猪增生性皮肤病											
葡萄球菌病（渗出性皮炎、猪脂溢性皮炎）											
猪痘											
	急性全身性渗出性表皮炎，局部渗出性表皮炎										
	玫瑰糠疹										
耳坏死											
角化不全											
膝、球节、肘、踝或坐骨结节等的痂											
猪皮炎和肾病综合征											
黏液囊炎											
猪丹毒											
红斑性皮炎											
				乳房炎							
				肩溃疡痂							

而发展成为小脓疱或者小疱。这些小疱破裂后流出脂性渗出物，黏附粉尘、污垢，形成一层厚厚的痂皮，容易剥离。病猪体表散发出恶臭，表现为食欲减退、消瘦，后期可并发腹泻症状，最后衰竭死亡。

治疗方案：一般发现病猪及时隔离，一窝里出现一两头病猪就要及时地进行隔离治疗。头孢噻呋钠、阿莫西林、青霉素、庆大霉素、林可霉素等药物都有不错的疗效。

首先使用头孢噻呋钠加庆大霉素加地塞米松混合肌内注射，其次使用碘制剂加水或者高锰酸钾加水（浓度在 0.5%~1%）进行清洗；最后使用红霉素软膏涂抹在皮肤上。

预防措施：仔猪在剪牙断尾、补铁等工作时要注意操作。不要损伤仔猪的牙床，断尾补铁要做好消毒工作。要注意做好消毒及卫生工作，保证母猪营养均衡。

二、仔猪皮肤异常的处置

1. 皮肤异常

（1）皮下组织团块或肿胀　引发仔猪皮肤下面的组织团块或者肿胀等变化的主要疾病见表 6-13。

表 6-13　引发仔猪皮下团块或肿胀的疾病

团块或肿胀的部位	可能的原因	抽吸物的外观
下颌区	下腭脓肿（E 群链球菌）	带菌的脓汁
	咽性炭疽	水肿
	结核病	“硫黄颗粒”
分布不一	肿瘤：	固体组织，肿瘤细胞
	淋巴肉瘤	
	恶性黑色素瘤	
	多孔状血管瘤	
	其他：	
	化脓隐秘杆菌	带菌脓汁
	坏死梭杆菌	带菌脓汁
背、肩、大腿部	团块状皮肤病	实体，皮肤细胞

（续表）

团块或肿胀的部位	可能的原因	抽吸物的外观
颈后至耳或在股臀部	注射反应	带菌或不带菌的脓汁
附睾或睾丸	布氏杆菌病	带菌的脓汁
肩、肋腹、外阴、耳或后躯	血肿	血或浆液
跗关节后侧、常为两侧性	跗关节偶发性黏液囊炎	滑液（不推荐抽吸）
尾基部、后躯	继发于尾部咬后感染	带菌脓汁

（2）发绀或充血　皮肤发绀或充血的原因也很多，应排除一些与疾病无关的皮肤颜色改变（表 6–14）。

表 6–14　发绀/充血：无肉眼可见皮肤病理变化的皮肤颜色改变

原发病变部位	原因	发病猪和发病时间	皮肤颜色的变化	其他有关的原因
原发病变在皮肤	红斑性皮肤病	白猪	耳、体侧和腹部皮肤变成红色	可能与三叶草草场有关，也见于舍饲
	晒伤	白猪	背部和体侧变红	最近暴晒太阳
	一过性红斑	炎热的季节，白猪	红斑，尤其是在腹部	接触粪尿、酚类消毒剂或石灰
	一氧化碳中毒	初生仔猪，冬季	全身鲜红色	炉子燃料燃烧不充分
	猪皮炎和肾病综合征	已断奶猪和大猪，尤其育成猪	大面积扁平的环状深红至褐色，尤其是大腿和臀部	可能与圆环病毒感染有关
原发病在皮肤以外的其他系统	猪应激综合征	瘦肉型猪，特别是皮特兰和长白猪	在支撑体侧斑状发绀，逐渐融合	由于剧烈活动、兴奋、热或者氟烷麻醉诱发
	全身性沙门氏杆菌病	2~4 月龄	耳、尾、腹部和末梢发绀	猪群不断流动，特别是在引入新猪后
	副猪嗜血杆菌	哺乳仔猪和架子猪	耳、尾及末梢发绀	与全身疾病有关

（续表）

原发病变部位	原因	发病猪和发病时间	皮肤颜色的变化	其他有关的原因
原发病在皮肤以外的其他系统	胸膜肺炎放线杆菌	架子猪和育肥猪	鼻、耳和腿发绀并逐渐发展至全身	与最急性呼吸道疾病有关
	有机磷或氨基甲酸酯中毒	任何年龄	末端发绀	呼吸道分泌亢进，支气管收缩，不规则慢性心率和神经系统症状，继发性缺氧
	典型症状出现前的一过性变化	见于猪瘟、非洲猪瘟和猪链球菌感染。一过性充血，特别是口鼻部、耳、腹部和后躯		
	疾病的末期症状	仔猪大肠杆菌性肠炎和血凝性脑脊髓炎的末期可见末梢发绀		

2. 皮肤异常的处置

（1）脓肿　猪打架或打针时皮肤消毒不严引起的皮肤创伤，导致细菌的侵入引起感染化脓。

治疗时可在脓肿最底部做切口并引流。严重感染时用青霉素或土霉素注射治疗。

（2）贫血　缺乏铁，皮肤苍白。胃溃疡可导致育肥猪的贫血。

预防贫血，可于仔猪出生后第 3 天注射牲血素进行补铁；育肥猪选用优质饲料，不用发霉变质的饲料原料。

（3）表皮缺损　仔猪出生时就有一部分皮肤没有长完全，一般发生在腿或侧腹部，主要是遗传因素造成的。不需治疗，通常死亡。

（4）皮脂病　由外伤和葡萄球菌的继发感染引起，皮肤变得薄而易脱落，全身呈褐色，症状通常从脸、耳和腹部开始蔓延全身，像穿了盔甲一样。

感染猪只应浸泡在消毒液中进行全身消毒，并注射林可霉素或蒽诺沙星进行治疗。

（5）血肿　因皮下出血导致，大的血肿是因打架或外伤导致血管破裂。常见于耳或侧腹部，可进行引流处置。

(6) 疥螨　由疥螨引起的皮炎，在耳和后腿可见硬痂皮，主要发生在母猪和种公猪身上。

治疗：用氰戊菊酯溶液进行全身喷洒；饲料添加伊维菌素进行驱虫。

(7) 玫瑰糠疹　主要发生在3~14周龄的猪，猪腹部有丘疹样环状病变，环形脱屑、鳞片及鳞屑。此病与遗传因素有关，不需要治疗，猪通常可依靠环境条件自己康复。

(8) 猪丹毒　猪发病皮肤上有红色或紫色的菱形或方形皮肤斑块。

治疗时选用青霉素，一天注射3次有特效。检查免疫程序，猪丹毒疫苗有很好的免疫效果。

第七节　神经系统疾病

一、诊断

1. 一般性症状

神经性疾病的症状一般包括行为异常、共济失调、步态异常、不协调、部分麻痹，麻痹，肌肉震颤、颤抖、下肢划水状，犬坐、角弓反张，抽搐、耳聋、失明、眼球震颤、昏迷或死亡等。

2. 未断奶猪

在仔猪神经性疾病的诊断中，一个重要的资料是观察发病仔猪的分布。通过观察散发、整窝发病，还是所有窝发病，可以大大地缩小诊断的范围。

散发且少发的疾病包括中耳感染、破伤风、狂犬病、低血糖症和链球菌感染。一般这些疾病可通过临床症状和尸体剖检来鉴别，虽然链球菌感染还需要做细菌培养来进一步确诊。

低血糖症和链球菌以及伪狂犬病、先天性震颤、维生素A缺乏、蓝眼病和铁或有机磷中毒可能发生于产仔群中的多窝仔猪。病史和母猪的症状对于鉴别病因有重要的帮助。

猪瘟和非洲猪瘟引起仔猪神经症状和其他一些全身性疾病的症状。引起神经系统疾病的先天性异常有大白猪和英国白肩猪的先天性运动缺陷，长白猪震颤和皮特兰猪爬行综合征。日本乙型脑炎偶尔引起仔猪轻度神经性疾病。

引起未断奶仔猪神经症状的疾病见表6-15。

3. 断奶仔猪至成年猪

与诊断仔猪神经性疾病一样，发病猪的分布也对诊断人猪的神经系统疾病有重要的帮助。首先应确定疾病是散发还是不同程度的流行。中毒一般常见于较大的猪，应该调查猪最近的治疗情况，日粮的改变和是否进过草场或接触过圈内的化学物质等。

断奶猪和较大猪神经性疾病的鉴别诊断方法见表6-16。中毒和营养不平衡引起的神经症状诊断分别见表6-17和表6-18。

二、防治

1. 链球菌病

病原是溶血链球菌，新生仔猪和哺乳仔猪多发。最急性突然死亡，急性或亚急性表现体温高（42~43℃），有明显的神经症状，转圈、昏迷、惊恐、倒地四肢划动。剖检，脊髓液增多，脑血管充血，脑膜有轻度化脓性炎症。

注射链球菌菌苗可达到预防的目的，用青（链）霉素、磺胺类药、蒽诺沙星等抗菌药治疗效果很理想。

2. 李氏杆菌病

病原是李氏杆菌，人畜共患。猪和多种动物都可发病，仔猪以散发为主。主要症状为高热（42℃左右）、震颤、不平衡，前腿僵直，后肢拖拉，非常敏感。剖检为脑膜炎，局灶性肝坏死。

灭鼠、驱虫、消毒，用大剂量的磺胺类药物或链霉素治疗效果很好。

表 6-15 引起未断奶仔猪神经症状的疾病

疾病	发病窝的比例	一窝中发病仔猪的比例	死亡率	发病日龄	母猪症状	仔猪症状	剖检病理变化	诊断
低血糖症	散发	若仔猪数比乳头多，可能1窝中有1～2头发病，若母猪无乳，则整窝发病	高，发病猪的90%～100%	通常2～3日龄，但是任何年龄都可能发生	不食、不泌乳，俯卧	共济失调，俯卧或侧卧，抽搐、前腿划水状，喘气，空嚼，心律缓，体温低	胃内无食物，不见体脂，肌肉呈红木棕色	血糖低于50毫克/100毫升，剖检病变，缺乳
伪狂犬病	高，可达100%	高，未免疫母猪所产的仔猪可达100%，免疫母猪所产仔猪可达20%～40%	高，可达100%	最初暴发感染所有日龄的未断奶猪	流产、呕吐、喷嚏、咳嗽、便秘，中枢神经症状	呼吸困难，发热、多涎，呕吐，腹泻、共济失调，眼球震颤，抽搐、昏迷，日龄越小越严重	肉眼变化少，鼻黏膜和咽充血，肺水肿，坏死性扁桃体炎，肝脏和脾脏有1～2毫米的白色病灶	扁桃体和脑做病毒分离，并荧光抗体检测。血清抗体检测
先天性震颤	高	80%，或更高	低，0～25%	出生时	无	出生时严重震颤，3周内逐渐减轻，猪睡眠时震颤消失，在暴发初期感染的猪症状最严重	无肉眼可见病变	组织学证明髓鞘缺失
链球菌性脑膜炎	低于50%	可达整窝的70%	在发病猪较高	几日龄至断奶	无	体温升高，后躯乏力，步态僵硬，伸展运动，震颤，运动失调，划水状，麻痹，角弓反张，抽搐，失明，耳聋，跛行，猝死	脑和脑膜充血，化脓性脑膜炎和多发性关节炎，多量浑浊的脑脊液，瓣膜性心内膜炎	从化脓性脑膜炎的病变中分离兰斯菲尔德群D，Ⅰ和Ⅱ中的α、β溶血性链球菌

（续表）

疾病	发病窝的比例	一窝中发病仔猪的比例	死亡率	发病日龄	母猪症状	仔猪症状	剖检病理变化	诊断
铁中毒	凡注射过铁制剂的都可能发病	通常是整窝	高	注射铁制剂以后	无	呆滞、嗜睡、呼吸困难和昏迷	注射部位周围水肿，肌肉苍白，肾脏肿大，心外膜出血，胸腔积水和肝脏坏死	有注射铁制剂的历史，剖检病理变化
有机磷中毒	可能高，取决于多少猪治疗过	高达100%	高	出生时可见	通常无	流涎、呕吐、僵直、木马状、腹泻、腹痛、流泪、出汗、呼吸困难，肌肉震颤	肺水肿	母猪在产前有治疗史
母猪维生素A缺乏症	高	高	高	出生时	无	运动失调，头歪斜，后肢麻痹，划水状，眼损伤	肝脏灰黄色，肾脏病变，体腔液积液	肝组织活检测维生素A
先天性畸形	散发	低	高	出生时	无	不一，脑积水，独眼畸形，脑疝，无眼，顶骨孔增大，后肢麻痹，肌性蹒跚，小脑发育不全	神经（和其他）系统异常	体格检查和尸体剖检，除了小脑发育不全外，发病猪之间的遗传关系揭示是遗传病
蓝眼副黏病毒	高，20%～65%	高，20%～50%	高，80%～100%	任何日龄，尤其是2～15日龄	轻度厌食，少有角膜浑浊	沉郁、共济失调、瞳孔散大、眼球震颤、眼排泄物、眼睑水肿，角膜浑浊		病毒分离
血凝性脑脊髓炎病毒	低至50%	可达100%	高	常见于4日龄	无	嗜睡、呕吐、划水状、尖叫	无肉眼可见的异常	组织病理学，血清抗体

表 6-16 断奶猪和较大猪神经性疾病的鉴别诊断

疾病	发病日龄	病猪分布	临床症状	死亡率	剖检	诊断
伪狂犬病	所有日龄，在较小猪倾向于影响深系统经，且症状较严重	整群发生	较小猪至成年猪：喷嚏、咳嗽、便秘、流涎、呕吐、肌肉痉挛、共济失调、抽搐、划水状、昏迷。怀孕猪：胎儿吸收、木乃伊化、死产	高，特别是在较小猪	少见肉眼病变，鼻黏膜和咽部水肿，肺水肿，坏死性扁桃体炎，肝脏和脾脏有1~2毫米白色的坏死灶	从扁桃体和脑分离病毒。冷藏的扁桃体和脑组织做荧光抗体检测，血清学抗体
水肿病	断奶后1~2周	在哺育仔猪达15%	一些猪猝死，运动失调和步态摇晃，共济失调，震颤，划水状，眼睑水肿	高，50%~90%	腹部皮肤发红，皮下组织、胃壁和结肠系膜水肿	症状，流行病学。从小肠和结肠分离大肠杆菌做纯培养。分离毒素
食盐中毒（水缺乏）	任何日龄，但多见于哺育仔猪至育肥猪	整圈发病	失明，肌无力和肌束震颤，迟钝、厌食、呕吐、腹泻、癫痫、头震颤、角弓反张、弓背、跌倒、划水状和空嚼；血液浓稠、嗜酸性粒细胞减少（Na 大于 160 毫摩尔/升）	高	胃炎、胃溃疡、肠炎、便秘	组织病理学：大脑部由嗜酸性粒细胞组成的血管周围套具有证病意义
脑干软化	哺育仔猪或偶发于育肥猪	散发	迟钝、轻度运动失调、生长不良，不相称的大头，不生长	低	无	脑干软化的组织学变化
猪链球菌或沙门氏菌引起的脑膜炎	常发于哺育仔猪，偶见于育肥猪	几周内少数猪发病，偶尔暴发	体温升高，后躯乏力，步态僵硬，伸展动作，震颤、运动失调、划水状、麻痹、角弓反张，抽搐、失明、耳聋、跛行	高	脑和脑膜充血，化脓性脑膜炎，过量浑浊的脑脊髓液，化脓性多发性关节炎	从病变或化脓性脑膜炎中分离兰斯菲尔德群 D、I 和 II 中的 α、β 溶血性链球菌（分离猪霍乱沙门氏菌）
中耳感染	任何日龄	散发	头部姿势异常，转圈运动	低	中耳发炎/化脓	临床症状和尸体剖检

（续表）

疾病	发病日龄	病猪分布	临床症状	死亡率	剖检	诊断
副猪嗜血杆菌脑膜炎	常发于5~8周龄的仔猪	10%~50%，特别是近期混群的猪	发热、肌肉震颤，后躯运动失调、躺卧，呈划水状	中度，20%~50%	纤维素性脑膜炎，伴有胸膜炎、心包炎、腹膜炎、关节炎	分离副猪嗜血杆菌
有机砷中毒	任何日龄，尤其是做过猪痢疾和附红细胞体治疗的猪	几头至多头猪	共济失调、后躯麻痹不全，鹅状步态，失明、麻痹	低	无	坐骨神经脱髓鞘，肾脏和肝脏中砷水平>2毫克/千克
脑/脊髓损伤	任何日龄	散发	往往显示为局部神经性损伤	低	损伤局限于脑和脊髓	剖检显示创伤、颅骨或脊髓骨折、脓肿，寄生虫移行，有齿冠尾线虫，纤维软骨性栓子
破伤风	任何日龄，常见于刚去势的猪	散发	步态僵硬、耳尾直立、瞬膜突出，发展至侧卧、角弓反张、肌肉僵硬，腿强直性步态，痉挛	高	无肉眼可见的病变	在注射部位，可检测到带芽孢的革兰氏阳性杆菌
狂犬病	常大于2月龄	散发	鼻前伸和震颤、虚脱、咀嚼、流涎，全身性慢性肌痉挛	高，100%	无肉眼可见病变	新鲜脑组织接种动物，组织病理学，检查Negri小体，荧光抗体检测
李氏杆菌病	任何日龄，较小猪症状更严重	散发	发热、震颤、运动失调、后肢拖拉、前肢显示步态僵硬、兴奋性高	在架子猪较高	脑膜炎、病灶性肝坏死	从脑、脊髓或肝脏分离单核细胞增多性李氏杆菌
中毒（见表6-17）						
营养缺乏（见表6-18）						

表 6-17　中毒引起的神经性疾病

主要症状	有毒因子	其他症状	神经性症状	来源
症状主要在胃肠道	无机砷	呕吐、腹泻	抽搐	除草剂、棉花脱叶剂、杀虫剂
	铅（罕见）	呕吐、腹泻、流涎、厌食	肌肉震颤、共济失调、阵性痉挛发作、失明	机油、涂料、油脂、电池
常以剧烈动作为特征	氯化烃		兴奋性高、感觉敏感、肌肉震颤、强直阵性发作	杀虫剂
	士的宁		强直发作	灭鼠剂
	氟乙酸钠		抽搐	灭鼠剂
	水中毒	厌食、腹泻	沉郁、失明、肌肉震颤、感觉敏感、共济失调、抽搐、昏迷	缺水后无限制地饮水
胆碱酯酶被抑制的症状	敌敌畏 有机磷 氨基甲酸酯	流泪、缩瞳、发绀、皮肤变红、流涎、腹泻、呕吐	肌肉僵硬、震颤、麻痹、沉郁	驱蠕虫药 杀虫剂
全身性神经系统症状	硝基呋喃		应激性增高、震颤、虚弱、抽搐	用于治疗猪肠道疾病的抗生素
	铵盐		沉郁、强直阵挛发作	牛饲料
	汞	呕吐、腹泻	共济失调、失明、麻痹、昏迷	含有汞的杀真菌剂处理过的谷物、涂料、电池
	五氯酚	呕吐	沉郁、肌肉无力、后躯麻痹	木材防腐剂
	苯氧基除草剂	厌食	沉郁、肌肉无力、共济失调	除草剂
见于可接触草场或栅栏的猪	藜		虚弱、震颤、共济失调、后躯麻痹、昏迷	草场

（续表）

主要症状	有毒因子	其他症状	神经性症状	来源
见于可接触草场或栅栏的猪	苍耳	呕吐	沉郁、肌肉无力、共济失调、肌肉震颤	草场
	茄属植物	厌食、呕吐、便秘	沉郁、共济失调、肌肉震颤、抽搐、昏迷	草场
	硝酸盐、亚硝酸盐	流涎、多尿、瞳孔缩小	肌肉无力、共济失调、抽搐	藜、田蓟、西蒙草、草木樨
耳聋	潮霉素		耳聋、白内障引起失明	驱蠕虫药
	链霉素		耳聋	抗生素

表 6-18　营养不平衡引起的神经性疾病

营养不平衡	症状
钙和磷缺乏	步态僵硬、感觉敏感、后躯麻痹
镁过量	全身感觉迟钝、完全肌肉松弛
镁缺乏	跛行，弓行腿，高应激性，强直
食盐缺乏	共济失调，采食减少，增重减慢
铜缺乏	可能引起神经脱髓鞘，但更突出的症状是贫血、心肌肥大和后肢弯曲
维生素 A 缺乏	架子猪：头歪斜、运动失调、步态僵硬、脊柱前凸、兴奋性增强、肌肉痉挛、夜盲症、麻痹
烟酸或核黄素缺乏	可能引起神经脱髓鞘，但更突出的症状是跛行、皮肤病变、白内障和生长不良
泛酸缺乏	鹅步状、运动失调、腹泻、咳嗽、脱毛和生长不良
维生素 B_6 缺乏	生长不良、腹泻、贫血、兴奋性增强、共济失调、癫痫样抽搐

3. 猪血凝性脑脊髓炎

病原是血凝性脑脊髓炎病毒。2 周龄以内的仔猪感染发病，病毒通过上呼吸道感染。发热、精神沉郁、呕吐、便秘、犬坐姿势、中枢神经症状。剖检变化血管周围有管套细胞增生。

本病至今没有疫苗，发病也没特效药，一旦发病，病猪应及时淘汰，无害化处理，场内彻底消毒。

4. 仔猪先天性震颤

病原是遗传因素或病毒感染，初生仔猪易患此病。症状为肌肉打抖、震颤。剖检无肉眼病变。

防止近亲交配，对有病史的公母猪应予以淘汰。发病仔猪一般不用治疗，只要人工扶助，保证吃上母乳特别是初乳，即可自行康复。

5. 仔猪水肿病

病原是败血型大肠杆菌。在变温、断奶、换料等应激条件下易发，多发于断奶后20~30千克的吃得多、长得快的猪。病猪表现体温不高、兴奋不安、盲目行走、转圈、肌肉震颤、倒地抽搐、昏迷、四肢呈游泳状划动、皮肤敏感、头脸水肿。剖检所见腹部皮肤有红斑，皮下和胃肠水肿。

① 采取早期补食，断奶过渡到以食为主，增强胃肠道功能和适应能力，促进肠道发达，排空能力增强。② 断奶后1~3周内保持低蛋白水平（控制在15%），采取少吃多餐，定时定量，吃饱不吃足，并补给鲜嫩青饲料，增加必要的纤维素，提高肠道的活动能力，加快残食在肠道的通过时间。③ 添加必要的矿物质及复合微量元素等物质，增强胃液的形成和胃蛋白酶的活性。④ 补充硒与维生素E，母猪产前15天，注射亚硒酸钠或维生素E 5毫升，仔猪产后15~20日龄每头注射0.5毫升。⑤ 补充维生素A，除每天给予适量新鲜青饲料外，可选用苍术，每头每天5~10克。⑥ 发生水肿病后，应采取有效措施，以稳定猪群病情为主。首先，应停止吃食，排空胃肠内容物，在空腹有强烈饥饿感条件下，喂以加糖的稀糊粥及少量鲜嫩的青饲料，大蒜、葱、韭菜等，由少到多。注意给病猪饮水，防止便秘；病猪心跳加快，捕捉时应轻放，不能倒提。

全群猪每头注射亚硒酸钠维生素E 1~2毫升，必要时10天后再注射1次。

可按每千克体重注射庆大霉素2毫克，每天2次，或链霉素每头每次 20 万~30 万单位。

对有一定症状的病猪，叫声尚未嘶哑，四肢尚能站立的，应同时静脉注射 5%葡萄糖 20~40 毫升，加维生素 C 250~500 毫克，结合注射维生素 B_{12} 200~300 毫克，维生素 B_1 100 毫克。

6. 猪伪狂犬病

病原是猪伪狂犬病毒。猪和多种动物均发病，10~20 日龄哺乳仔猪发病率高，致死率高达 95%，2 月龄以上至成年母猪均可发病。仔猪体温 41~42℃，兴奋不安、间歇性转圈、昏迷、咳嗽、呕吐、流涎、惊恐。剖检主要变化是肺水肿、肝有坏死灶。

防治本病的关键在预防，注射伪狂犬病疫苗预防效果好，而应用常规药物治疗均无效，发病初期用伪狂犬病抗血清治疗有一定效果。

7. 破伤风

本病是由破伤风芽孢梭菌毒素引起，仔猪常因阉割伤口或脐部感染而发病。本病以强直痉挛及伤口感染为特征，患猪通常侧卧和耳朵竖立，头部微仰以及四肢僵直后伸，外界的声音或触摸可引起病猪痉挛。

治疗效果欠佳，预防应注意分娩及阉割时的卫生及消毒。

8. 食盐中毒

仔猪对食盐特别敏感，中毒量为 1~2. 2 克/千克体重。食盐中毒常发生于过多采食酱糟、腌肉水及泔水等含盐饲料，在供水不足时容易诱发。

最初的临床症状为渴及便秘，随后，患猪出现神经症状，无目的四处乱逛及撞墙等盲目现象，严重时痉挛，侧卧，四肢不断划动，患猪大多在数天内死亡，鉴定诊断必须以组织学检查患猪脑部，可发现嗜伊红细胞性脑炎。本病治疗效果欠佳，预防主要应限制含盐饲料及充分供应饮水。

食盐中毒可采用多次少量给予清洁饮水的方法慢慢救治，药物治疗可静脉注射 5%葡萄糖酸钙，或 10%氯化钙；为缓解颅脑水肿，可静脉注射 25%山梨醇或高渗葡萄糖。

第八节 眼睛与视觉异常

一、诊断

1. 浆液性流泪

浓度高于25毫克/千克的氨气是引起猪流泪最常见的原因。人能察觉10毫克/千克的氨的味道，因此，可以通过嗅猪所处环境中的气味做出是否氨气浓度过高的判断。若怀疑氨气浓度高，则可以将猪转移到空气清新的地方，其症状将逐渐消失。猪大量流泪也可能是由于有机磷、氨基甲酸酯或碘中毒引起。有机磷和氨基甲酸酯的来源包括治疗动物时所用剂量计算错误或意外将农用杀虫药混入动物饲料中。乙二胺二氢碘化物是祛痰药物，当长期大剂量使用时，可引起咳嗽和流泪增多等症状。

2. 黏液脓性流泪和结膜炎

结膜炎和流泪与萎缩性鼻炎、猪流感、猪瘟、伪狂犬病、渗出性皮炎、蓝眼病、衣原体和链球菌感染有关。萎缩性鼻炎、猪流感和伪狂犬病引起的结膜炎症状较轻，产生浆液性至黏液脓性分泌物。较严重的结膜炎常见于猪瘟、渗出性皮炎、蓝眼病、链球菌以及衣原体感染，这些疾病中的分泌物常常很黏稠，以致引起眼睑粘连和失明。

3. 眼睑水肿

眼睑水肿常见于仔猪水肿病，也见于猪繁殖和呼吸障碍综合征、副猪嗜血杆菌和蓝眼副黏病毒感染。

4. 白内障

白内障的形成与核黄素或烟酸缺乏和潮霉素中毒有关。

5. 失明

在没有其他症状时，猪失明很少见到，而相关的症状则可提示其病因（表6-19）。有两种疾病可以导致猪失明但无其他症状，一是伪狂犬病，急性感染后的康复猪出现失明；二是对氨基苯胂酸长期中毒。

表 6-19　引起猪失明的疾病

原因	发病猪	其他症状	相关因素
对氨基苯胂酸中毒	为治疗猪痢疾或附红细胞体病而饲喂对氨基苯胂酸	急性：后躯不全麻痹或麻痹；慢性：失明、四肢麻痹	有在饲料中添加不适量的胂制剂的事实
食盐中毒（水缺乏）	常为哺乳猪或育肥猪，也可发生于成年猪	中枢神经系统症状、共济失调、肌肉无力和肌束震颤、抽搐	常在一个或多个猪圈中发病猪比例较高，与供水减少或饲喂有关
伪狂犬病	常为 2~4 周龄	生长不良、不生长	伪狂犬病感染康复猪的后遗症
铅或汞中毒	哺乳仔猪至成年猪	中枢神经系统和胃肠道症状	接触涂料、电池、机油或含有机汞杀真菌剂处理的种子
肉毒素中毒	架子猪至成年猪	弛缓性麻痹	接触腐烂的尸体
蓝眼病	哺乳仔猪至育成猪	中枢神经系统症状、角膜浑浊	在仔猪死亡率高的猪群中为急性发作
维生素 A 缺乏	哺乳仔猪至育成猪	步态僵硬、不安、后肢麻痹	少见，可能在饲喂储存不当的谷物之后
潮霉素中毒	通常为母猪	白内障	实际饲喂超过推荐时间
血凝性脑炎或猪链球菌病	未断奶仔猪	中枢神经系统症状、抽搐	中枢神经系统症状明显后表现失明

二、防治

1. 猪萎缩性鼻炎

小猪出现鼻炎症状，打喷嚏，呈连续或断续性发生，呼吸有鼾声。猪圈墙壁、食槽边缘摩擦鼻部，并可留下血迹；从鼻部流出分泌物，或引起不同程度的鼻出血。而且常在眼眶下部的皮肤上，出现一个半月形的泪痕湿润区，呈褐色或黑色斑痕，故有“黑斑眼”之称，这是具有特征性的症状。

防治方法　① 母猪料和小猪料添加泰乐菌素 110 毫克/千克、磺胺嘧啶110毫克/千克，中大猪添加量可适当减少；乳猪从2日龄开始，肌内注射1次增效磺胺，按每千克体重注射磺胺嘧啶12.5毫克+甲氧苄氨嘧啶2.5毫克，每周用药1次，连续注射3周。②免疫接种：猪萎缩性鼻炎类毒素疫苗适用于成年母猪和仔猪，预防仔猪早期感染有效。新母猪产前4~6周2~4毫升；产前2~4周2~4毫升；母猪产前2~4周1次，用量2~4毫升；仔猪无母源抗体，首免1毫升，7~10日龄。二免1毫升，断奶前3~5天；有母源抗体，断奶前3~5天免疫1次即可，免疫剂量1毫升。③发现有症状的猪要及时隔离，呈僵猪的作扑杀处理。对有症状的公猪应及时淘汰。引种时先隔离饲养1~3个月后，无临床症状的再转向种猪栏。仔猪饲料中应补充微量元素增强体质；猪的饲养采用全进全出制度；提高母猪群的年龄，避免一次性大量引种；降低猪群的饲养密度，采取严格的卫生防疫制度和维持良好的通风条件，以减少空气中病原菌、有害气体和尘埃的浓度；避免各种大的应激因素，如温差幅度大、冷风袭击等，这些措施都可在一定程度上降低该病的发生。病猪用过的栏舍需要进行彻底清洗、消毒，空栏1个月后，重新引种。可用2%的烧碱水或其他消毒剂消毒。④发病后，一方面肌内注射20%氟苯尼考和支原净针剂，另一方面用2%环丙沙星加鱼腥草、地塞米松滴鼻，每天滴两次。以上两种措施并用连续3天，治疗效果较为理想。⑤用中药粉剂吹鼻法。方剂是牙皂100克、白芷30克、细辛30克、冰片2克、雄黄4克、薄荷15克，以上药混合均匀研为细末备用。用时病猪两前肢提起保定，用细竹管一端装上药粉，吹入病猪两侧鼻腔内，每侧1~2克，每日早晚各1次，连用3天，治愈率可达90%以上。

2. 猪流感

仔猪发病率低，断奶仔猪发病率增高。猪群发病突然，传播快，可迅速波及全群，体温升高达40~42℃，病猪食欲废绝或减退，精神极度委顿，卧地不起，呼吸急促，呈腹式并常夹杂阵发性咳嗽，眼、鼻流黏液性分泌物。病程3~7天，大部分猪可自行康复，病死率1%~4%。若出现继发感染则病情加重，死亡率升高。个别病例可转为慢性，猪只生长发育受到影响。

①加强日常的饲养管理，保持猪舍清洁、干燥，在阴雨潮湿和

气候多变的季节注意防寒保暖，对猪群定期驱虫。尽量不要在寒冷多雨、气候骤变的季节长途运输猪只。② 建立健全猪场的卫生消毒措施。对猪舍和饲养环境定期消毒，可用 0.03%的百毒杀或 0.3%~0.5%的过氧乙酸喷洒消毒。③ 引进猪只须严格隔离，并进行血清学检测，防止引入带毒的血清学阳性猪。④ 疫苗免疫接种是预防猪流感的有效手段，国外已研制出猪流感灭活疫苗，并已商品化和投放市场。国内研制的猪流感灭活疫苗已进入兽用疫苗的审批程序。⑤ 猪场暴发猪流感时，应及时采取隔离病猪、加强对猪群的护理，改善饲养环境条件，对猪舍及其污染的环境、用具及时严格消毒，以防止本病的蔓延和扩散。⑥ 对发病猪群提供避风、干燥、干净的环境，避免移群。供给清洁的饮水，采取一些对症疗法，如解热镇痛（可肌内注射 30%安乃近 3~5 毫升或复方奎宁，复方氨基比林 2~5 毫升），同时可用一些抗生素或磺胺类药物来控制继发感染，也可试用一些中药方剂对猪群进行治疗。

猪流感具有重要的公共卫生意义，在其发生和流行期间，要注意人员的防护。

3. 副猪嗜血杆菌病

常发生于 1~2 月龄小猪，并且死亡率高，发病后表现为体温升高至 40~42℃，喘气，腹式呼吸，精神不振，食欲减退，耳朵发绀，皮肤发白，关节肿大，触摸时猪只疼痛尖叫，行走缓慢等。解剖后可发现病猪肺部、关节、脑部等有浆液渗出，腹部有大量黄色腹水，肝脾肿大。急性型的病猪会无症状突然死亡，慢性型的病猪因长时间生长缓慢、营养不良，逐渐衰竭而死。

隔离病猪，用敏感的抗生素进行治疗，口服抗生素进行全群性药物预防。为控制本病的发生发展和耐药菌株出现，应进行药敏试验，科学使用抗生素。

第九节　跛　行

一、诊断

跛行就是不能正常地使用一肢或多肢，而健康的肢体仍有正常的机敏度和协调度。跛行可能表现为负重能力降低或不堪重负，步幅改变或缩短或者干脆躺卧不动。

1. 未断奶猪

未断奶猪跛行的主要原因（表 6-20）是创伤和传染性多发性关节炎。创伤多见于 1 周龄以下的仔猪，而传染性多发性关节炎则多见于 1~3 周龄的仔猪。关节肿大和发热多见于多发性关节炎，但仅偶见于创伤。

表 6-20　引起未断奶仔猪跛行的原因

病情	发病年龄	临床症状	相关因素	诊断
传染性多发性关节炎（链球菌、葡萄球菌、大肠杆菌）	1~3 周龄	倦怠、被毛粗、关节肿胀、发热	常见于产次少的母猪，修剪牙齿和断尾不卫生	剖检：关节液细菌培养和革兰氏或姬姆萨染色
创伤	任何年龄，尤其是出生后 36~40 小时	不一	板条箱设计不好，保温不好而使仔猪扎堆在母猪周围，母猪无乳	缺热，产房设计不好
八字腿	出生时或出生后几个小时，一般一窝 1~4 头，有时整窝	后肢（有时前肢）分开，站立不起、行走困难	病猪出生重偏低，地板滑	临床症状，组织学：半腱肌或三头肌原纤维发育不全
注射	注射后任何时间	往往拖拽一条后腿		有注射史

（续表）

病情	发病年龄	临床症状	相关因素	诊断
关节弯曲	出生时，一窝的40%~50%发病	跛行猪四肢关节僵硬，或脊柱不同程度的伸展或弯曲	母猪中毒（野黑樱桃、烟草梗、曼陀罗、毒芹），维生素A或锰缺乏，遗传因素	仔猪和临床症状，母猪接触草场史，饲料分析
并趾、多趾、粗腿	出生时	脚趾数目异常，前肢更易发生	遗传性	临床症状
产气荚膜梭菌、芽孢杆菌	1~5日龄	后肢肿胀明显、肿胀处皮肤变为红棕色	24小时内有用污染针头注射铁制剂的历史	剖检和细菌分离

八字腿的发病率为中等，其临床症状很容易辨认。

偶尔后肢注射不当会导致肌肉刺激或神经损伤进而导致跛行。前一种情况，腿会肿大，可能发热，猪拖着病腿跛行。坐骨神经损伤可导致肌肉萎缩和后肢伸直。注射铁制剂会在组织内形成微环境，由污染的针头带入的产气荚膜梭菌会在这个微环境中繁殖。将注射部位改到颈部后看是否仍有跛行出现，有助于判定是否注射技术的原因。

关节弯曲、并趾和粗腿罕见，可以通过观察肢体的外观进行简单的判断。

2. 断奶猪至成年猪

2~4月龄的猪跛行大部分是由于传染性多发性关节炎引起的(表6-21、表6-22)。对于此年龄的猪，临床兽医应该查看是否有多个感染部位。一条腿的跛行容易因为另外一条腿的症状更严重而被忽略。较大的架子猪和成年猪的跛行主要是由于蹄部损伤所致。这种损伤可能局限在蹄部或再往上而涉及一个关节或多个关节。地面粗糙、光滑、潮湿、不净或者不平整，带有突出锐利的边缘、露出钢材的混凝土，以及条板不均匀或者与猪不合适都能诱发猪跛行。在诊断大猪的跛行时还应该考虑猪之间争抢。后备母猪发生而经产母猪很少发生的跛行可能是由于创伤和继发感染。刚断奶的母猪跛行可能是由于日粮中钙、磷比例失调引起的。骨软化病是育肥猪和日龄较小的成年猪跛行另一个常见的原因。

表 6-21 引起断奶猪至成年猪跛行的疾病的常发年龄

<table>
<tr><th colspan="11">月龄</th></tr>
<tr><td>1</td><td>1.5</td><td>2</td><td>3</td><td>4</td><td>5</td><td>6</td><td>18</td><td>30</td><td>42</td><td>54</td></tr>
<tr><td colspan="11">创伤：肌肉挫伤、扭伤、劳损、脱位、骨折</td></tr>
<tr><td colspan="11">破伤风梭状芽孢杆菌或败血性梭状芽孢杆菌感染</td></tr>
<tr><td colspan="11">水泡病：口蹄疫、疱疹病、猪水疱病、水疱性口炎、San Miguel 海狮病毒</td></tr>
<tr><td colspan="2">猪链球菌感染</td><td colspan="9" rowspan="2">由猪链球菌、似马链球菌、猪鼻支原体、猪滑液支原体、副猪嗜血杆菌、棒状杆菌、葡萄球菌等引起的慢性化脓性关节炎</td></tr>
<tr><td colspan="2">似马链球菌感染</td></tr>
<tr><td colspan="4">急性猪鼻支原体感染</td><td colspan="7"></td></tr>
<tr><td></td><td colspan="3">副猪嗜血杆菌感染</td><td colspan="7"></td></tr>
<tr><td colspan="9">黏液囊炎</td><td colspan="2"></td></tr>
<tr><td colspan="3"></td><td colspan="3">佝偻病</td><td colspan="5"></td></tr>
<tr><td colspan="3"></td><td colspan="3">急性丹毒</td><td colspan="5">慢性丹毒</td></tr>
<tr><td colspan="3"></td><td colspan="3">不对称后躯综合征</td><td colspan="5"></td></tr>
<tr><td colspan="3"></td><td colspan="8">蹄腐烂</td></tr>
<tr><td colspan="3"></td><td colspan="8">背肌坏死</td></tr>
<tr><td colspan="3"></td><td colspan="8">骨软骨病</td></tr>
<tr><td colspan="4"></td><td colspan="7">骨关节病、退行性关节病</td></tr>
<tr><td colspan="4"></td><td colspan="5">骺脱离</td><td colspan="2"></td></tr>
<tr><td colspan="6"></td><td colspan="5">布氏杆菌病</td></tr>
<tr><td colspan="6"></td><td colspan="5">蹄叶炎</td></tr>
<tr><td colspan="7"></td><td colspan="2">骨突脱离</td><td colspan="2"></td></tr>
<tr><td colspan="7"></td><td colspan="4">骨软化症</td></tr>
<tr><td colspan="3">跗骨炎</td><td colspan="8"></td></tr>
<tr><td colspan="3">关节病</td><td colspan="8"></td></tr>
<tr><td colspan="3">腿弱综合征</td><td colspan="8"></td></tr>
</table>

表 6-22　引起断奶仔猪至成年猪跛行的疾病

临床症状	原因	诊断
肌肉或软组织肿胀	创伤	体检
	败血芽孢梭菌感染	剖检、细菌分离鉴定
	背肌坏死	剖检、肌酸激酶
	不对称后躯综合征	剖检
全身僵硬，不愿活动，步态改变、发热、常有败血症的其他症状	急性猪鼻支原体感染，急性副猪嗜血杆菌感染，急性丹毒、猪链球菌感染	从心、肝、脾或病变中培养病原微生物
	破伤风	病原微生物培养
关节肿胀	慢性猪鼻支原体、副猪嗜血杆菌或猪丹毒感染，马链球菌、猪滑液支原体感染，由葡萄球菌、化脓隐秘杆菌或链球菌引起的化脓性关节炎	从关节中分离微生物
	佝偻病	剖检、骨灰鉴定，日粮分析
后躯不全麻痹或麻痹	布氏杆菌病	剖检、血清学检查
	佝偻病、骨软化症	剖检、骨灰鉴定，日粮分析
	坐骨结节股突溶解，股骨近段骺脱离，创伤，脊柱、腰荐或骨盆骨折，椎关节变硬	剖检
尾咬伤	脊柱脓肿	剖检、培养
无外部异常	猪滑液支原体感染	培养
	骨软骨病、股骨近段骺脱离、变性关节病、骨关节病、创伤、坐骨结节股突溶解	剖检
	腿虚弱综合征	体格检查
	纤维软骨性栓塞、骨软化和骨折	剖检、骨灰鉴定，日粮分析
	硒中毒	剖检、硒水平检测
蹄侧壁裂、疼痛、热、肿胀	腐蹄病（化脓隐秘杆菌和其他条件致病菌）	体格检查、细菌培养
无外部变形、无疼痛、无发热、无肿胀	蹄叶炎	体格检查，产后发热史

（续表）

临床症状	原因	诊断
蹄部异常	蹄过度生长，腐蹄病，蹄裂，蹄根分裂，创伤	体格检查
蹄壁裂、蹄踵糜烂和挫伤	蹄粗糙、环境潮湿、生物素缺乏	体格检查，日粮分析
水泡和/或蹄冠状带分离，交替跛行	口蹄疫、水泡性口炎、水泡疹、猪水泡病	水泡液分离病毒
	硒中毒	饲料分析

二、防治

1. 病因和症状

（1）传染性关节炎　主要病原有链球菌、丹毒杆菌、巴氏杆菌、支原体、嗜血杆菌等。大多数慢性经过，也有少数从急性病例转变而来。临诊检查患病的关节肿大，常见于跗关节和膝关节。由于关节内有大量纤维析出而使关节变坚硬。病初体温升高，有一系列的全身症状，后期正常，仅表现被毛粗乱、消瘦和跛行。剖检患部关节，有脓性分泌物蓄积或呈浆液性、纤维素性炎症。从中可分离出病原菌。

（2）外伤性跛行　多发生在捕捉、追赶、运输之后，由于强暴的外力作用，而使关节钝挫、剧伸或扭转。病猪表现剧烈疼痛，喜卧，不愿起立和行走。若强令其运动时，病猪三肢跳跃或拖拽患肢前进。触诊受伤关节，可发现有肿胀、增温和压痛感。

（3）营养性跛行　主要是由于饲料中的钙、磷不足或比例失调，也可能因个体吸收功能降低。本病多发生于保育猪、妊娠后期母猪或生长迅速的育肥猪。表现关节或四肢骨骼弯曲，运动出现不同程度的跛行。

（4）腐蹄病　是蹄间皮肤和软组织具有腐败、恶臭特征的一种疾病，也有的表现为蹄腐烂、趾间腐烂或蹄壳脱落。病因可能是由于网床结构较差或破损，造成蹄子破伤而感染，有的可能是患口蹄疫的后遗症。病变开始局限于蹄间，但很快波及蹄冠、系部乃至球节部，这时由于剧烈疼痛而出现跛行。病猪喜卧，不愿起立，强令站立时患肢不敢着地。

(5) 风湿性跛行　由于猪舍阴暗、潮湿、闷热、寒冷，猪只运动不足及饲料的急骤改变等，致使猪的四肢关节及其周围的肌肉组织发生炎症、萎缩。本病往往突然发生，先从后肢开始，逐渐扩大到腰部乃至全身。患部肌肉疼痛，行走时发生跛行，或出现弓腰和步幅拘禁（迈小步）等症状。病猪多喜卧，驱赶时勉强走动，但跛行可随运动时间的延长而逐渐减轻，局部的疼痛也逐渐缓解。

2. 防治

针对上述 5 类四肢病的病因，在平时就要加强管理，细心检查，采取相应预防措施，防患于未然。

治疗时，首先应除去病因，局部清洗消毒，用氯霉素或红霉素软膏涂擦损伤部位和感染部位。待好转后用药治疗。对于传染性关节炎，一般使用抗菌药物治疗。对于营养性跛行，应改进饲料配方，提供合理的钙、磷等营养物质。对于外伤造成的关节扭伤，患部可涂擦碘酊、松节油等。疼痛剧烈时，肌内注射安乃近、盐酸普鲁卡因，作患肢的环状封闭等。对于风湿性跛行，可静脉注射复方水杨酸钠注射液，肌内注射地塞米松、醋酸可的松等。

第十节　仔猪全身性疾病

一、诊断

1. 猝死

尽管有人说死亡总是突然发生的（即从出生到死亡的转变总是发生在几分之一秒的），但是“猝死”在临床上通常是指外表正常的动物突然死亡。

断奶仔猪至成年猪发生猝死的疾病见表 6-23。

表 6-23　断奶仔猪至成年猪发生猝死的疾病

疾病	最易发病的猪和时间	剖检	相关因素
水肿病	断奶后 1～2 周的仔猪，特别是生长最快的猪	皮下组织、眼睑、胃黏膜和结肠系膜水肿，胃充盈、肠空虚	可能与自由采食高营养且适口性良好的饲料有关
食盐中毒（水缺乏）	常见于哺育仔猪或架子猪和育肥猪，但可见于任何年龄	常无肉眼可见的病变，可见胃炎和肠炎	近期供水中断，饲喂乳清
维生素 E/硒缺乏（桑葚心）	常见于哺育仔猪或架子猪和育肥猪	急性出血性肝坏死，心肌出血、心包积液。骨骼肌和心肌水肿，呈白色	缺硒地区常见
胸膜肺炎放线杆菌、放线杆菌属、多杀性巴氏杆菌所致急性肺炎	架子猪和育肥猪，成年猪则罕见	发绀、急性坏死性出血性肺炎、胸腔内有纤维素，气管和支气管充满泡沫样血色黏液	
副猪嗜血杆菌病或猪放线杆菌感染	哺育仔猪和架子猪	发绀、纤维素性腹膜炎、心包炎、胸膜炎、关节炎和脑膜炎，特别是刚买回的健康猪	
猪应激综合征	育肥猪至成年猪，高瘦肉型猪，尤其是皮特兰和长白猪	腹下有融合的发绀斑，尸僵迅速、有白色肌肉区	发生于运输过的或有过争斗、交配、产仔的猪
电击	任何年龄	常无肉眼可见的病变，可见肺有小点状出血，蹄冠部有烧焦的毛，腿内侧有红色条痕	建筑物内电短路，近期有暴风雨、闪电
二氧化硫、一氧化碳、二氧化碳引起的窒息	任何年龄，育肥猪更常见		空气流动不畅、抽气出现漏洞，风扇失灵

2. 消瘦和生长不良

消瘦和生长不良（表 6-24）是慢性疾病的症状。通常一头猪生长不良的原因借助剖检也不能确定，那些能损伤脑部的疾病如大肠杆菌病和伪狂犬病就是这种情况，因为病变微小而被忽略。当生长不良的猪占很大的比例时，诊断时应该对发病猪做剖检，还应该确定该猪群中急性病的类型和发病水平。综合慢性和急性病的资料可能有助于做出诊断。

表 6-24 从初生仔猪至成年猪出现消瘦和生长不良情况的日龄

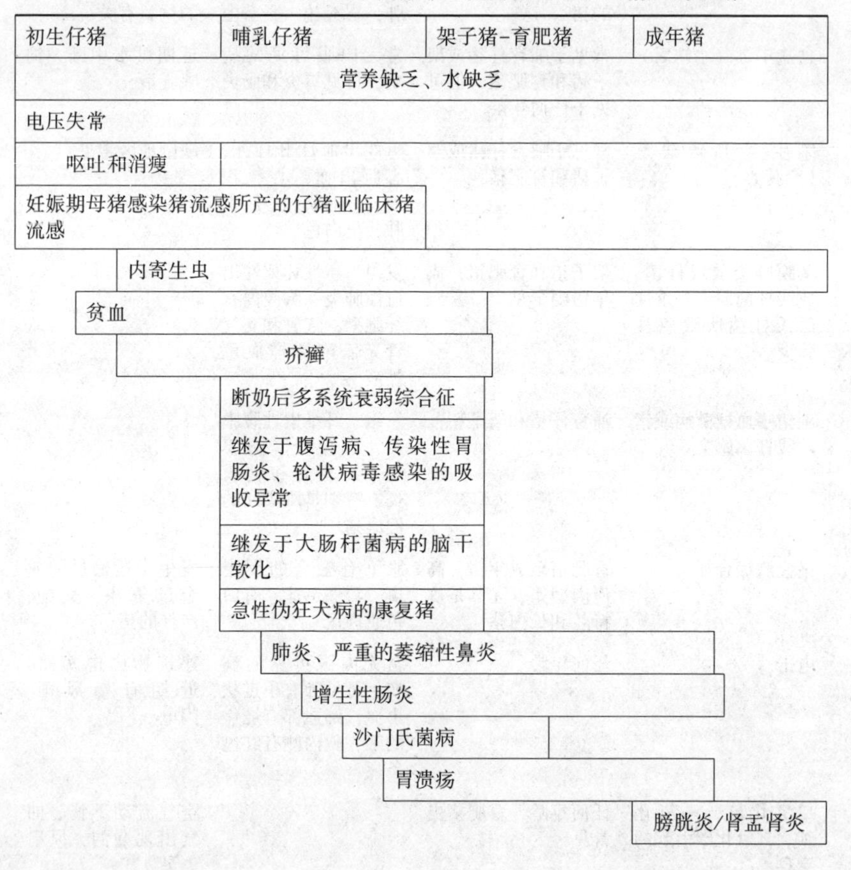

初生仔猪	哺乳仔猪	架子猪-育肥猪	成年猪
营养缺乏、水缺乏			
电压失常			
呕吐和消瘦			
妊娠期母猪感染猪流感所产的仔猪亚临床猪流感			
内寄生虫			
贫血			
疥癣			
	断奶后多系统衰弱综合征		
	继发于腹泻病、传染性胃肠炎、轮状病毒感染的吸收异常		
	继发于大肠杆菌病的脑干软化		
	急性伪狂犬病的康复猪		
	肺炎、严重的萎缩性鼻炎		
	增生性肠炎		
	沙门氏菌病		
	胃溃疡		
		膀胱炎/肾盂肾炎	

3. 贫血

贫血是血红蛋白低于正常值的状态。不同年龄猪的正常血红蛋白的最低水平（克/100 毫升）如下：初生时为 11，1 周龄为 10，3 周龄为 10，4 月龄或更大时为 12。

（1）未断奶仔猪　未断奶仔猪贫血（表 6-25）主要是因为缺铁。偶尔附红细胞体病以及少数情况下的脐带出血也可能引起贫血。

鉴别铁缺乏、附红细胞体病和脐带出血的主要特征是发病仔猪的年龄和是否出现黄疸。黄疸在附红细胞体病较明显，但不见于缺铁性贫血和脐带出血。脐带出血发生于初生期，附红细胞体病往往见于5日龄以内的仔猪，缺铁性贫血则见于10日龄或者更大的猪。一般在缺铁性贫血会有未能注射足量铁制剂的情况。脐带出血有时与锯末作为垫料有关。

表 6-25　引起未断奶仔猪贫血的疾病

疾病	发病猪	症状	血液学检验	诊断
缺铁性贫血	出生时正常，随日龄增加而病情严重	被毛粗、苍白、呼吸快、生长不均匀	小红细胞、低血色素性红细胞	猪未注射过适量的铁制剂，心扩张、心包积液、肺水肿、脾肿大
附红细胞体病	特别是5日龄以下的猪，但从出生到断奶期间均可发生	黄疸、被毛粗、生长不均匀、无精神、肝脏肿大呈黄褐色，脾脏肿大	红细胞内可见病原体	取发热猪血液做瑞氏－姬姆萨染色或母猪血清学检测阳性
脐带出血	出生后数小时内死亡，可能与使用锯末或缺乏维生素C或锌有关	脐带保持肉样且较大，不萎缩，皮肤染血	正常	临床症状

猪子宫内感染猪巨细胞病毒时可引起母猪生产个体小、贫血和下颌及跗关节周围水肿的仔猪。

也有报道称，兰氏类圆线虫和结肠小袋虫感染也能引起仔猪贫血，主要临床症状是厌食、腹泻和生长缓慢。最好依据剖检来做出诊断。

（2）断奶仔猪至成年猪　胃溃疡和寄生虫是断奶仔猪至成年猪贫血最常见的原因。除真菌毒素中毒外，其他中毒的疾病在临床上很少引起贫血。事实证明，铬、镍、煤焦油、碘、酚噻嗪衍生物和维生素D中毒后会发生贫血。在现代化的饲养体系中很少遇到营养缺乏，但可因为缺乏铜、叶酸、蛋白质、核黄素、维生素B_6或维生素K等物质而发生贫血。

断奶仔猪至成年猪贫血诊断见表6-26。

表6-26 引起断奶仔猪至成年猪贫血的疾病

疾病	发病年龄	其他症状	相关因素	诊断
胃溃疡	架子猪后期和成年猪	无食欲、减重、偶尔磨牙、粪便正常或硬，色深和焦油样	饲料过细、维生素E缺乏	剖检可见食道部溃疡
铁缺乏	保育舍的猪	增长率下降，被毛粗	断奶前未能注射足量铁制剂	血液学检查，病史，无其他的病变
疥螨	保育舍的猪至成年猪，日龄小的猪贫血更严重	瘙痒和擦墙、被毛粗、皮肤角化	疥螨控制程序不利	从耳道皮肤深部刮取物中证明有螨虫
猪鞭虫	常见于2~6月龄猪	厌食、带黏液的腹泻、减重、粪便色深、黑粪	寄生虫控制程序不力	大肠病变，对治疗的反应效果好
出血性回肠炎	常为日龄较小的配种年龄的母猪	肛门出血、体况一般正常	常见于有与其他弯杆菌有关的肠道疾病的猪群	临床症状，大体病变较少
增生性肠炎	保育舍的猪至成年猪，特别是2~5月龄的猪	不同程度的减重，厌食、黑色焦油样粪便至血样粪便	常见于有与其他弯杆菌有关的肠道疾病的猪群	剖检病变主要在小肠，组织病理学：黏膜增生
附红细胞体病	保育舍的猪至成年猪	嗜睡、生长减慢、偶见黄疸，母猪急性发作，乳房和外阴水肿	疥螨和虱的控制程序不力	血液涂片染色可见到病原体，间接血凝价>1∶80
黄曲霉毒素	所有年龄，日龄小的猪较严重	沉郁、厌食、腹水、肝酶升高，偶见黄疸	饲料发霉，常见于潮湿的季节收获或储存的谷物，特别是破碎的谷粒	肝脏病变，由脂肪变性至坏死和硬化，检查饲料中有无毒素
单端孢霉烯酮	所有年龄，日龄小的猪较严重	胃肠炎	饲料发霉，常见于潮湿的季节收获或储存的谷物，特别是破碎的谷粒	检查饲料中有无毒素

（续表）

疾病	发病年龄	其他症状	相关因素	诊断
玉米赤霉烯酮	所有年龄，日龄小的猪较严重	初情期前母猪外阴和乳腺肿大	饲料发霉，常见于潮湿的季节收获或储存的谷物，特别是破碎的谷粒	检查饲料中有无毒素
苄丙酮香豆素中毒	任何年龄	跛行、步态僵硬、嗜睡，深色焦油样粪便	接触灭鼠剂	凝血时间延长，血液和肝脏中检查毒素

二、防治

1. 猝死

仔猪由于自身的免疫力还没有完全形成，所以抗病能力是比较弱的，患病概率高，最容易出现猝死的情况。甚至很多时候，大家都认为微不足道的问题，对于仔猪来说都有可能是导致猝死的夺命锁。

（1）排除所有可能造成仔猪外伤的潜在威胁　仔猪是最惧怕外伤的，因为它们创口的恢复速度比较慢，而在此期间一旦被致病性微生物感染，那么情况就非常危险了，严重的很有可能导致仔猪猝死。所以，为了避免这一情况发生，要排除所有可能造成仔猪外伤的潜在威胁。比如保温箱上的铁丝、铁钉或是尖锐的部位，都要及时清理或者是打磨圆滑。

（2）做好免疫以及卫生消毒工作　疾病因素对于所有猪来说都是威胁，而对于仔猪来说则威胁更甚。比如养猪行业最常见的疾病：水肿病、副猪嗜血杆菌病、蓝耳病、链球菌病等，这些疾病尽管对于大猪来说也属于顽疾，但是导致猝死的情况却也并不多见。而对于仔猪来说情况就不同了，一旦仔猪感染上这些疾病，非常容易发生急性死亡。所以相关的接种免疫以及卫生消毒工作一定要做好。

（3）气候因素　仔猪在冷热交替的季节最容易发生猝死，因此要做好这种情况下的管理工作，控制好通风以及保温的关系。猪舍空气质量差，有毒气体多对于仔猪来说是威胁，气温骤降导致仔猪冷应激的威胁还更甚。须知仔猪本身的抵抗力就比较弱，如果再发生发烧、感冒、腹泻等疾病，会更加危险。

（4）当心病从口入　无论是霉变的饲料还是猪舍里灰尘之类的脏物，都有可能导致仔猪患病。如果仔猪因为食用霉变饲料而发生急性胃肠炎，那么猝死的概率是非常高的。所以一定要定期及时清理料槽，并将仔猪舍内任何一个角落的饲料残渣清理干净，以避免仔猪出现误食的情况。

2. 疥癣病

猪疥癣病是由于疥科的猪疥癣寄生，导致猪皮肤出现病变，并且能在群内传染。患疥癣病的猪皮肤发生红点、脓包、结痂、龟裂等病变。猪疥癣通常先在头部发现，眼圈、颊及耳部是经常侵袭的部位，以后逐渐蔓延至背部、躯干两侧及后肢内侧。局部发痒，常在圈舍内、栏柱或相互磨擦，并常磨擦出血，之后可见渗出液结成的痂皮。后期患畜皮肤出现皱褶或龟裂，患部被毛脱落。

治疗可用0.05%双甲脒溶液，或0.5%螨净乳剂涂擦患部，7~10天后再重复1次；也可用阿维菌素或伊维菌素，按每千克体重0.3毫克的剂量，一次皮下注射，同时可驱除猪的各种线虫。加强卫生管理，建立检疫制度，发现病猪及时隔离并加以治疗。圈舍可用2%~3%热火碱液进行消毒。购买猪只要仔细检查，先作预防处理，再混入健康群。最有效的方法是定期对全群猪用阿维菌素等药物进行驱虫。

3. 附红细胞体病

猪附红细胞体病多发于高温高湿的季节（7—9月）。主要有4个特征症状：贫血发绀，猪全身会发白，同时病猪耳朵、颈下、胸前、腹下、四肢内侧等部位皮肤红紫，指压不褪色；皮肤黄疸；发热气喘；便血尿血。

在高温高湿季节里，要及时采取降温措施，例如安装排气扇或者空调等，减少应激；加强对猪舍卫生的管理，定期喷洒杀虫药物，减少传播途径；在注射药物时要遵从“一猪一针”，防止人为传播；发现病猪及时隔离治疗，病死猪进行焚烧深埋处理。用10%盐酸多西

环素（每吨饲料添加 1 000 克）+龙胆泻肝散 5 千克，连续使用 5~7 天。然后将剂量减半，再连续使用 2 周，治疗效果较好。

4. 贫血

本病主要是由于铁的需求量供应不足所致。仔猪采食减少、生长缓慢、日渐消瘦，眼结膜苍白，被毛粗乱，常发生下痢，粪便呈暗灰色、含有消化不全的饲料和黏液。重者呈佝偻病症状。多因继发肺炎、肠炎或败血症而死。病猪精神沉郁，食欲不佳，营养不良，背毛粗乱无光，体温不高，眼角膜、鼻端、四肢内侧皮肤及耳朵等处显著苍白，呼吸、脉搏均增加，可听到心内杂音，稍加运动，则心搏亢进，喘息不止。有的仔猪看上去生长发育很快而且很肥壮，常在奔跑中突然死亡。剖检时有典型的贫血症状。皮肤及黏膜显著苍白，有时轻度黄染，病程长的多消瘦，胸腹腔积有浆液性及纤维蛋白性液体。实质脏器脂肪变性，血液稀薄，肌肉色淡，心脏扩张，胃肠和肺常有炎性病变。

加强哺乳母猪的饲料管理，多喂富含蛋白质、矿物质和维生素饲料，适当增加青绿饲料；仔猪要有充足的运动和光照，开食后适时补料。硫酸亚铁 2.5 克、氯化钴 2.5 克、硫酸铜 1 克，加水 1 000 毫升，以双层纱布过滤后，每窝猪每次半匙滤液，加入饮水或饲料中喂服；每日灌服硫酸亚铁丸 2 粒，连服数日；肌内注射维生素 B_{12} 4 毫升，隔 2~3 天一次；小猪出生后 3 天内肌内注射 2 毫升铁钴针或腿部肌内注射 1 毫升血多素。

参考文献

戈婷婷，等. 2018. 仔猪健康养殖技术［M］. 北京：化学工业出版社.

李长强，等. 2012. 如何提高中小规模猪场养殖效益［M］. 北京：化学工业出版社.

苏振环. 2004. 现代养猪实用百科全书［M］. 北京：中国农业出版社.

王宗海. 2017. 新编猪饲养员培训教程［M］. 北京：中国农业科学技术出版社.

（荷）杨浩森（hulsen，j.），著. 马永喜，译. 2016. 猪的信号［M］. 北京：中国农业科学技术出版社.